U0365419

主讲嘉宾

黄牛

北京生命科学研究所高级研究员

卢煜明

香港中文大学医学院副院长（研
李嘉诚健康科学研究所所长
及化学病理学系系主任
美国科学院外籍院士
英国皇家学会院士
2016年未来科学大奖生命科学奖

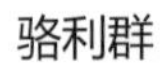

骆利群

斯坦福大学文理学院讲席教授
美国艺术与科学学院院士
美国科学院院士
未来科学大奖科学委员会委员

施一公

结构生物学家
西湖高等研究院院长
中国科学院院士
2017年未来科学大奖生命科学奖获奖者

王皓毅

中国科学院动物研究所基因工程技术
研究组组长
“青年千人计划”入选者
未来论坛青年理事

对话嘉宾

韩璧丞

BrainCo创始人
哈佛大学博士生

李伟

中国科学院动物研究所研究员
干细胞与生殖生物学
国家重点实验室副主任

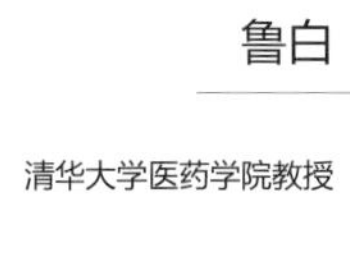

鲁白

清华大学医药学院教授

罗敏敏

北京生命科学研究所研究员
清华大学生命科学学院教授

王晓群

中科院生物物理研究所
脑与认知科学国家重点实验室研究员
“青年千人计划”入选者

魏文胜

北京大学生命科学学院研究员

理解未来系列

未来与生命Ⅰ·生物前沿的探讨

科学出版社
北京

图书在版编目(CIP)数据

未来与生命Ⅰ·生物前沿的探讨/未来论坛编.
—北京：科学出版社，2018. 8
（理解未来系列）
ISBN 978-7-03-058313-0

Ⅰ.①未…
Ⅱ.①未…
Ⅲ.①生物学–普及读物
Ⅳ. ①Q-49 ②R-49

中国版本图书馆 CIP 数据核字（2018）第 162417 号

丛 书 名：理解未来系列
书　　名：未来与生命Ⅰ·生物前沿的探讨
编　　者：未来论坛
责任编辑：刘凤娟
责任校对：杨然
责任印制：肖兴
封面设计：南海波
出版发行：科学出版社
地　　址：北京市东黄城根北街 16 号
网　　址：www.sciencep.com
电子信箱：Liufengjuan@mail.sciencep.com
电　　话：010-64033515
印　　刷：中国科学院印刷厂
版　　次：2018 年 8 月第一版　　印　　次：2018 年第 1 次印刷
开　　本：720 × 1000　1/16　　印　　张：7 1/4
插　　页：2 页　　字　　数：90 000
定　　价：49.00 元

序一>>>

饶　毅

北京大学讲席教授、北京大学理学部主任、未来科学大奖科学委员会委员

我们时常畅想未来，心之所向其实是对未知世界的美好期待。这种心愿几乎人人都有，大家渴望着改变的发生。然而，未来究竟会往何处去？或者说，人类行为正在塑造一个怎样的未来？这却是非常难以回答的问题。

在未来论坛诞生一周年之际，我们仍需面对这样一个多少有些令人不安的问题：未来是可以理解的吗？

过去一年，创新已被我们接受为这个时代最为迫切而正确的发展驱动力，甚至成为这个社会最为时髦的词汇。人们相信，通过各种层面的创新，我们必将抵达心中所畅想的那个美好未来。

那么问题又来了，创新究竟是什么？

尽管创新的本质和边界仍有待进一步厘清，但可以确定的一点是，眼下以及可见的未来，也许没有什么力量，能如科学和技术日新月异的飞速发展这般深刻地影响着人类世界的未来。

可是，如果你具有理性而审慎的科学精神，一定会感到未来难以预计。也正因如此，这给充满好奇心的科学家、满怀冒险精神的创业家带来了前所未有的机遇和挑战。

过去一年，我们的“理解未来”系列讲座，邀请到全世界极富洞察力和前瞻性的科学家、企业家，敢于公开、大胆与公众分享他们对未来的认知、理解和思考。毫无疑问，这是一件极为需要勇气、智慧和情怀的事情。

2015 年，“理解未来”论坛成功举办了 12 期，话题涉及人工智能、大数据、物联网、精准医疗、DNA 信息、宇宙学等多个领域。来自这些领域的顶尖学者，与我们分享了现代科技的最新研究成果和趋势，实现了产、学、研的深入交流与互动。

特别值得强调的是，我们在喧嚣的创新舆论场中，听到了做出原创性发现的科学家独到而清醒的判断。他们带来的知识之光，甚至智慧之光，兑现了我们设立“理解未来”论坛的初衷和愿望。

我们相信，过去一年，“理解未来”论坛所谈及的有趣而有益的前沿科技将给人类带来颠覆性的变化，从而引发更多人对未来的思考。

面向“理解未来”论坛自身的未来，我希望它不仅仅是一个围绕创新进行跨界交流、碰撞出思想火花的平台，更应该是一个探讨颠覆与创新之逻辑的平台。

换言之，我们想要在基础逻辑的普适认知下，获得对未来的方向感，孵化出有价值的新思想，从而真正能够解读未来、理解未来。若要做到这一点，便需要我们勇敢地提出全新的问题。我相信，真正的创新皆源于此。

让我们共同面对挑战、突破自我、迎接有趣的未来。

2015 年

序二>>>

人类奇迹来自于科学

丁　洪

中国科学院物理研究所研究员、北京凝聚态物理研究中心首席科学家、
未来科学大奖科学委员会委员

今年春季，我问一位学生：“你为什么要报考我的博士生？”他回答：“在未来论坛上看了您有关外尔费米子的讲座视频，让我产生了浓厚的兴趣。”这让我第一次切身感受到“理解未来”系列科普讲座的影响力。之后我好奇地查询了“理解未来”讲座的数据，得知 2015 年 12 期讲座的视频已被播放超过一千万次！这个惊人的数字让我深切体会到了“理解未来”讲座的受欢迎程度和广泛影响力。

“理解未来”是未来论坛每月举办的免费大型科普讲座，它邀请知名科学家用通俗的语言解读最激动人心的科学进展，旨在传播科学知识，提高大众对科学的认知。讲座每次都能吸引众多各界人士来现场聆听，并由专业摄影团队制作成高品质的视频，让更多的观众能随时随地地观看。

也许有人会好奇：一群企业家和科学家为什么要跨界联合，一起成立“未来论坛”？为什么未来论坛要大投入地举办科普讲座？

这是因为科学是人类发展进步的源泉。我们可以想象这样一个场

景：宇宙中有亿万万个银河系这样的星系，银河系又有亿万万个太阳这样的恒星，相比之下，生活在太阳系中一颗行星上的叫“人类”的生命体就显得多么微不足道。但转念一想，人类却在短短的四百多年中，就从几乎一无所知，到比较清晰地掌握了从几百亿光年（约 10^{26} 米）的宇宙到 10^{-18} 米的夸克这样跨 44 个数量级尺度上（“1”后面带 44 个“0”，即亿亿亿亿亿万！）的基本知识，你又不得不佩服人类的伟大！这个伟大来源于人类发现了“科学”，这就是科学的力量！

这就是我们为什么要成立未来论坛，举办科普讲座，颁发未来科学大奖！我们希望以一种新的方式传播科学知识，培育科学精神。让大众了解科学、尊重科学和崇尚科学。我们希望年轻一代真正意识到“Science is fun，science is cool，science is essential”。

这在当前中国尤为重要。中国几千年的封建社会，对科学不重视、不尊重、不认同，导致近代中国的衰败和落后。直到“五四”时期“赛先生”的呼唤，现代科学才步入中华大地，但其后一百年“赛先生”仍在这片土地上步履艰难。这种迟缓也直接导致当日本有 22 人获得诺贝尔自然科学奖时，中国才迎来首个诺贝尔自然科学奖的难堪局面。

当下的中国，从普通大众到部分科学政策制定者，对“科学”的内涵和精髓理解不够。这才会导致“引力波哥”的笑话和“转基因”争论中的种种谬论，才会产生“纳米”“量子”和“石墨烯”的概念四处滥用。人类社会已经经历了三次产业革命，目前正处于新的产业革命爆发前夜，科学的发展与国家的兴旺息息相关。科学强才能国家强。只有当社会主流和普通大众真正尊重科学和崇尚科学，科学才可能实实在在地发展起来，中华民族才能真正崛起。

这是我们办好科普讲座的最大动力！

现场聆听讲座会感同身受，在网上看精工细作的视频可以不错过任何细节。但为什么还要将这些讲座内容写成文字放在纸上？我今年去现场听过三场报告，但再读一遍整理出的文章，我又有了新收获、新认识。文字的魅力在于它不像语音瞬间即逝，它静静地躺在书中，可以让人慢慢地欣赏和琢磨。重读陈雁北教授的《解密引力波——时空震颤的涟漪》，反复体会“两个距离地球 13 亿光年的黑洞，其信号传播到了地球，信号引发的位移是 10^{-18} 米，信号长度只有 0.2 秒。作为引力波的研究者，我自己看到这个信号时也感觉到非常不可思议”这句话背后的伟大奇迹。又如读到今年未来科学大奖获得者薛其坤教授的“战国辞赋家宋玉的一句话：‘增之一分则太长，减之一分则太短，著粉则太白，施朱则太赤。’量子世界多一个原子嫌多，少一个原子嫌少”，我对他的实验技术能达到原子级精准度而叹为观止。

记得小时候“十万个为什么”丛书非常受欢迎，我也喜欢读，它当时激发了我对科学的兴趣。现在读“理解未来系列”，感觉它是更高层面上的“十万个为什么”，肩负着传播科学、兴国强民的历史重任。想象 20 年后，20 本“理解未来系列”排在你的书架里，它们又何尝不是科学在中国 20 年兴旺发展的见证？

这套“理解未来系列”值得细读，值得收藏。

2016 年

序三»»

王晓东

北京生命科学研究所所长、美国国家科学院院士、中国科学院外籍院士、未来科学大奖科学委员会委员

2016年9月，未来科学大奖首次颁出，我有幸身临现场，内心非常激动。看到在座的各界人士，为获奖者的科学成就给我们带来的科技变革而欢呼，彰显了认识科学、尊重科学正在成为我们共同追求的目标。我们整个民族追寻科学的激情，是东方睡狮觉醒的标志。

回望历史，从改革开放初期开始，很多中国学生的梦想都是成为一名科学家，每一个人都有一个科学梦，我在少年时期也和同龄人一样，对科学充满了好奇和探索的冲动，并且我有幸一直坚守在科研工作的第一线。我的经历并非一个人的战斗。幸运的是，未来科学大奖把依然有科学梦想的捐赠人和科学工作者连在一起了，来共同实现我们了解自然、造福人类的科学梦想。

但近二十年来，物质主义、实用主义在中国甚嚣尘上，不经意间，科学似乎陷入了尴尬的境遇——人们不再有兴趣去关注它，科学家也不再被世人推崇。这种现象存在于有着几千年文明史的有深厚崇尚学术文化传统的大国，既荒谬又让人痛心。很多有识之士也有同样的忧虑。我们中华民族秀立于世界的核心竞争力到底是什么？我们伟大复兴的支点又是什么？

文明的基础，政治、艺术、科学等都不可或缺，但科学是目前推

动社会进步最直接、最有力的一种。当今世界不断以前所未有的速度和繁复的形式前行，科学却像是一条通道，理解现实由此而来，而未来就是彼岸。我们人类面临的问题，很多需要科学发展来救赎。2015年未来论坛的创立让我们看到了在中国重振科学精神的契机，随后的“理解未来”系列讲座的持续举办也让我们确信这种传播科学的方式有效且有趣。如果把未来科学大奖的设立看作是一座里程碑，“理解未来”讲座就是那坚定平实、润物无声的道路，正如未来论坛的秘书长武红所预言，起初看是涓涓细流，但终将汇聚成大江大河。从北京到上海，“理解未来”讲座看来颇具燎原之势。

科学界播下的火种，产业界已经把它们变成了火把，当今各种各样的科技创新应用层出不穷，无不与对科学和未来的理解有关。在今年若干期的讲座中，参与的科学家们分享了太多的真知灼见：人工智能的颠覆，生命科学的变革，计算机时代的演化，资本对科技的独到选择，令人炫目的新视野在面前缓缓铺陈。而实际上不管是哪个国家，有多久的历史，都需要注入源源不断的动力，这个动力我想就是科学。希望阅读这本书对各位读者而言，是一场收获满满的旅程，见微知著，在书中，读者可以看到未来的模样，也可以看到未来的自己。

感谢每一次认真聆听讲座的听众，几十期的讲座办下来，我们看到，科学精神未曾势微，它根植于现代文明的肌理中，人们对它的向往从来不曾更改，需要的只是唤醒和扬弃。探索、参与科学也不只是少数人的事业，更不仅限于科学家群体。

感谢支持未来论坛的所有科学家和理事们，你们身处不同的领域，却同样以科学为机缘融入到了这个平台中，并且做出了卓越的贡献，让我认识到，伟大的时代永远需要富有洞见且能砥砺前行的人。

2017年

目　录

第一篇

无创产前诊断

作为一名医科学生，我了解到很多女性怀孕期间都会非常担心孩子的健康。在这一阶段，如果想要检测胎儿的染色体或DNA，需要将一根针刺进女性的子宫里，这一过程叫做羊水穿刺。每次执行这一操作，都有 0.5% 或以下的概率导致胎儿死亡从而流产。作为一名年轻的医科学生，我当时想，为什么医生要做这么危险的事呢？能不能通过采集母亲的血样来检测胎儿的细胞呢？在当时，这个想法是天真且不切实际的。因为我们都知道，胎儿和母体的血液循环系统是分开的，难道我们找不到非侵入性的方式来判断胎儿的健康情况吗？但随后我想，传统的认知或许是错误的。

卢煜明

香港中文大学医学院副院长(研究)
李嘉诚健康科学研究所所长及化学病理学系系主任
美国国家科学院外籍院士
英国皇家学会院士
2016年未来科学大奖生命科学奖获奖者

香港中文大学医学院副院长(研究)，李嘉诚健康科学研究所所长及化学病理学系系主任。于英国剑桥大学取得文学学士学位，再于牛津大学取得医学博士及哲学博士学位。1997 年，成为世界上第一位发现母体血浆内有胎儿的脱氧核糖核酸（DNA）的科学家，从而开辟了一个新研究领域并致力于有关方面的研究。所带领的研究团队已率先研发出无创性唐氏综合征产前诊断服务，通过先进的 DNA 测序技术，直接从母亲的血液样本中提取胎儿基因组、甲基化及转录组排序进行分析以检测唐氏综合征。先后获授英国皇家学会院士荣衔、美国国家科学院外籍院士荣衔、世界科学院院士及港科院创院院士。亦曾获颁其他各项奖项，包括 2016 年未来科学大奖生命科学奖，2014 年度费萨尔国王（King Faisal）国际医学奖，及 2012 年度的里雅斯特奖（Ernesto Illy Trieste Science Prize）。

从梦想至现实

我想给大家简单介绍一下我是如何开始我的研究生涯的。这是一张我在几十年前拍的照片。

当时我还是一名学生，在香港圣若瑟书院。那时我对科学非常感兴趣，特别是对生物学，尤其是对 DNA。因为我觉得 DNA 在健康和疾病上都扮演着至关重要的角色。那时我们的生物学教科书中有许多著名科学家的照片，其中一张是沃森（Watson）和克里克（Crick）的照片，他们站在一栋非常漂亮的大楼前。后来我知道了，那其实就是剑桥大学的国王学院。我很好奇为什么这所大学会培养出这么多代优秀的科学家。因此，当我从圣若瑟书院毕业后，我决定去剑桥研究医学。很幸运的是，我被剑桥大学伊曼纽尔（Emmanuel）学院录取了。我入学的时候正值学院成立 400 周年庆典，这个学院也是约翰·哈佛（John Harvard）在英国读书时所就读的学院。在伊曼纽尔学院里，除了漂亮的建筑，还能看到许多有趣的动物，比如鸭子，有个池塘里常年有鸭子在戏水。

历史上伊曼纽尔学院有一位学者，叫托马斯·杨（Thomas Young），他是一位物理学家。他看到鸭子戏水激起的水波，便灵机一动，做实验证明了光波性质。这个故事让当时还是一名医科学生的我明白到，原来科学家是需要经常从周遭环境中汲取灵感的，这在我稍后的演讲中也会提到。

现在在中国和英国的医学院里，一旦你被录取了，数年后你就可以作为医生毕业了。但当年我在剑桥时并不是这样的，他们只允许你读前三年，之后你需要再次申请入学。所以我当时决定换一个环境，去剑桥的竞争对手——牛津大学继续读书。当我来到牛津大学最大的学院基督教会学院时看到，基督教会学院的建筑比伊曼纽尔学院的更状观，而且不仅如此，基督教会学院的食堂更豪华，每天晚上我们都在这里共进晚餐。非常有趣的是，这个食堂后来还成了电影《哈利·波特》中魔法学院的食堂。稍后我还会讲到更多与《哈利·波特》相关的事。

在牛津大学我开始接触到病人。这是我当年在牛津大学时的照

片。你可以看到我穿得非常正式。因为在牛津大学当你参加正式考试时，必须穿得非常正式，否则将不被允许进入考场。

在医学院里我刚开始接触的患者中，有一位在直肠内被检出癌组织。这种癌症组织长得像血管组织，名为血管肉瘤。我记得那天晚上回家后，试着寻找一些关于血管肉瘤的资料，但奇怪的是，几乎找不到任何资料。我就去了图书馆，花费了几周的时间查找和阅读这方面的资料。后来我才发现，该患者是该疾病有记录以来的第五例。后来我们在一本医学杂志上发表了这则病例的报告。这件事让我意识到，即使是一名缺乏经验的医学生，也是可以为医学研究做出贡献的。发表的那篇文章排名最后的作者肯尼斯·弗莱明（Kenneth Fleming）博士是负责那位患者的病理学家。通过这次研究，我也获得了日后与他更多的合作机会，一会儿我还会谈到。

有了这次经历及牛津大学其他老师们的指导，我对科研变得非常感兴趣，所以我决定碰碰运气，自己做一些原创性的研究工作。作为一名医科学生，必须具备各种专业技能，我的专长领域之一就是妇产科。我了解到很多女性怀孕期间都会非常担心孩子的健康，在这一阶段，如果想要检测胎儿的染色体或 DNA，需要将一根针刺进女性的子宫里，这一过程叫做羊水穿刺。每次执行这一操作，都有 0.5% 或以下的概率导致胎儿死亡从而流产。作为一名年轻的医科学生，我当时想，为什么医生要做这么危险的事呢？能不能通过采集母亲的血样来检测胎儿的细胞呢？在当时，这个想法是天真且不切实际的。因为我们都知道，胎儿和母体的血液循环系统是分开的，难道我们找不到非侵入性的方式来判断胎儿的健康情况吗？但随后我想，传统的认知或许是错误的，或许胎儿会释放一些细胞到母亲的血液中。那么问题来了：要怎样证明呢？

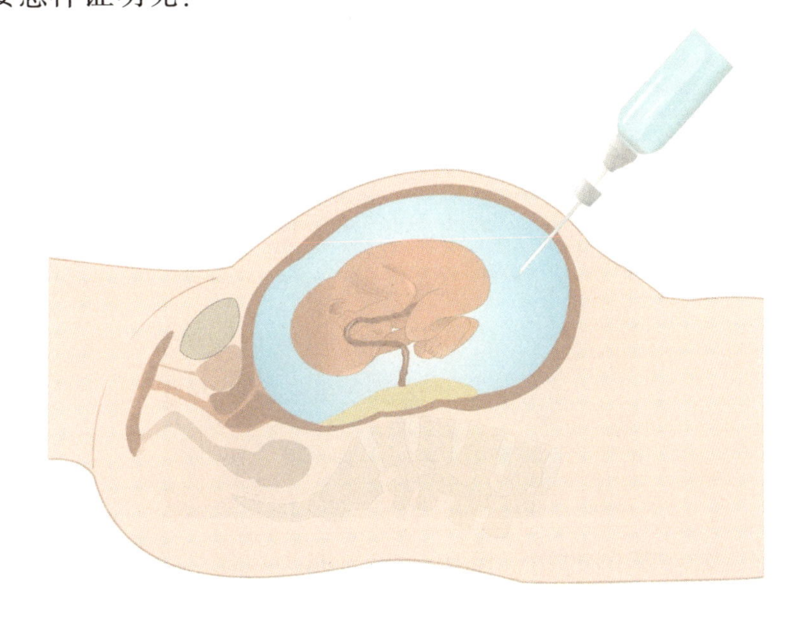

我记得有一天晚上，我和一位同学共进晚餐时，我们谈到了生儿育女的话题，突然我意识到，如果母亲怀的是男婴，要是我的假设正确，那么这个男婴一定会释放出一些男性细胞到母亲的血液中。于是我想对这些细胞进行检测。我记得当时给弗莱明博士打了电话，问他我能不能在他的实验室做这个研究。他很慷慨地答应了。我们用孕妇外周血制得的血液涂片，当用一种专门结合 Y 染色体的染料与之结合时，就会出现黑点，这就证明在母亲的血液中确实存在男婴的细胞。我们还尝试了其他一些更灵敏的检测方法，如 DNA 扩增。最终我们在《柳叶刀》上发表了这篇论文，那时我获得从医资格证才几个月。数月后，《柳叶刀》为此特意做了一个专题，题为“是男孩吗？”，因为这项技术能够检验出胎儿的性别。

作为一名在英国的初级医生，实习期为一年。在那一年中，这个

研究项目一直在我的脑海中萦绕。我想，也许我可以开发一个用于临床的检测。因此，在实习接近尾声时，我再次给弗莱明博士打了电话，表示我想做他的博士生。那时他其实只给了我三个月的经费，他说之后我必须自己申请奖学金，幸运的是，我申请到了。上页照片是我读博士时在弗莱明博士实验室中拍摄的。大家可以看到，我穿得像一个恐怖分子。因为在实验中，我将 Y 染色体作为检测的标记物，而我身上的每个细胞都含有 Y 染色体，所以我必须保护我的样品不被我自己的染色体污染。当我们开始这个项目之后才发现没有我们想象的那么简单，因为即使我们在母体中检测到了胎儿的细胞，其含量也是非常低的，不啻于大海捞针。所以三年过去了，我们的研究也没有取得太大进展。最后，我的奖学金用光了，就只能毕业了。

1994 年我毕业了，虽然我的研究没有太大进展，但也并非一无所获，我认识了我的太太黄小玲（Alice），同一年我们就结婚了。在此之后，我仍然作为一名初级医生在牛津大学接受培训，做的也还是同一领域的工作。转眼就到了 1997 年，也就是香港回归的那年，一夜之间，香港多了很多工作机会，小玲和我都觉得是时候返回香港了。随后，我进入香港中文大学工作，这是一所位于香港沙田的美丽学校。

有趣的是，就在我要离开英国的前三个月的某一天，我在《自然医学》上看到了两篇文章，提到癌症患者体内的癌细胞会将其 DNA 释放到患者的血浆和血清中去。血浆是血液中的无细胞部分。这两篇论文的作者是莫里斯·斯特劳恩（Maurice Stroun）和菲利普·安科（Phillipe Anker），那一刻我突然有了一个奇思妙想，在过去的几年里，我都是在母亲的血液细胞里寻找胎儿细胞，但实际上母亲的血液中占据了大部分体积的是名为血浆的黄色液体，也许我以前定错了研究对象，我想找的东西或许是在这些液体里，而不是在细胞里。之前我把大量的时间都花费在提取细胞上，因此并不知道如何提取血浆中的

DNA，加上那时我刚从英国回到香港，手头既没有经费也没有资源，只能做一些低成本的研究。那么我能做些什么呢？一时间，我想到了食物。去过英国的亚洲人应该都有体会，学校的餐食很多时候不合我们的胃口。所以每当我受不了学校的食物时，就回到房间自己煮方便面。煮方便面时，首先要烧开水，然后放入面饼，只需五分钟一顿晚餐就完成了。所以我就想，能不能像煮面那样煮血浆呢？于是我就把血浆煮了五分钟，然后取 10 微升进行检测。你可能觉得我疯了，但有趣的是，正是这个疯狂的试验，使我得到了来自 Y 染色体的信号，而事实证明这些孕妇怀的都是男婴。这个发现证明，孕妇的血浆中存在着胎儿的游离 DNA。这是史无前例的。因为之前人们只关注细胞，所以血浆这类材料总是被直接丢进了垃圾桶。

之后，我们想知道 DNA 是何时被释放到血浆里去的。我们发现，怀孕第 7 周就可以检测到 DNA，到第 10 周时，其含量甚至可高达 15%。这简直令人难以置信，想想看，如此小的一个胎儿，却能释放出如此多的 DNA。

随后我们开始考虑如何将这项技术应用到产前检查设备上。我们第一个想到的很简单，就是测试胎儿的性别。其实这是很有用的，因为一些遗传性疾病主要影响男孩，被称为性连锁遗传病，如血友病。我们做的第二件事是检测胎儿的血型。不论是测性别还是血型，这项技术的准确率都非常高，超过 99%，现在已经在世界各地得到了广泛应用。

非常搞笑的是，在那时候我申请了一个专利，学校将此专利授权给了一家公司，但这家公司在拿到专利之后三年里没有任何发展。后来他们嫌没用，就又把专利免费还给了学校。当然，现在回头看会觉得这是很傻的，因为现在看来这个专利很可能是这个领域中最有价值的专利之一。

不管怎么说，失而复得后，我参加了在泰国举办的一个会议，在那里遇到了查尔斯·康特（Charles Cantor），我们谈起了这项技术，并决定建立合作关系。查尔斯当时是 Sequenom 公司的首席科学家，他勇敢地说服了董事会获取我这项专利的授权，于是我们就开始了合作。当时我们认为，这项专利最有价值的应用是唐氏综合征的产前检测，患病胎儿会多出一条 21 号染色体。有人将这项技术视为梦寐以求的产检项目，但这做起来很难。因为性别和血型检测都是定性检测，判断婴儿是否携带某条染色体或是否是某个血型，是一个“是”或者“否”的问题，但若要计算染色体的数目，则是定量诊断，精确计数就更困难了。正如我前面所言，母体血浆中大部分的 DNA 是母亲自己的，胎儿的只占极少数，所以我们最初考虑使用某种针对胎儿 DNA 的检测方法，我们认为也许胎儿会有特定的生化模式，比如 DNA 甲基化，所以我们与凯斯·欧典斯（Cees Oudejans）合作，确实发现了一些 DNA 甲基化标记物。我们的另一个想法是或许部分基因的表达是胎儿独有而母亲没有的，所以我们研究了胎儿 RNA，并找到了一些这种类型的 RNA 标记物。但问题是，DNA 甲基化和 RNA 标记物的方法都不够精确、不够简单，也不够便宜。

我们想开发一个更通用的方法，利用新的次世代测序方法对数百万个 DNA 分子进行测序，从所得数据中，运用生物信息学算法，计算出了不同染色体的比率。问题在于，2007 年我们开始做这个项目时，还没有办法用到该测序方法，因为那时它才刚刚在美国推出。幸运的是，我们联络到了周代星博士，他将我介绍给了他在弗吉尼亚联邦大学的好友，使我们得以用到该大学的测序仪。测序结果非常惊人，因为结果相当好。当胎儿患有唐氏综合征时，所得到的检测结果相比正常妊娠，信号非常高。

在这个早期测试中，我们做了 28 例，准确率达到了 100%，我们便决定进行临床推广。我们必须做一个大规模的全球临床试验。我们在香港与全球各地的团队合作，其中一位合作者是凯普洛斯·尼可莱德斯（Kypros Nicolaides），他在伦敦有一家大型诊所。最终，我们在 2011 年 1 月发表了临床数据。数据非常好，准确率超过 99%，并陆续被许多组织验证。因此，在短短 10 个月内，这种检测就在美国被临床推广了。这恐怕是世界上最快被认可的基因组检测方法之一了。

下面我们来看看该产前检测投入应用五年以来的情况。现在每年有来自全球 90 多个国家的数百万名孕妇使用该检测技术。现在该技术被称为 NIPT（非侵入性产前检测），在美国的采用率上升得非常快。与此同时，常规的侵入性方法（如羊水穿刺）的采用率呈下降趋势。事实上，在香港的很多诊所里，侵入性方法甚至下降了 30%—40%。

基本上，我已经实现了最初的目标，完成这一目标花费了我们大约 22 年的时间。问题又来了：我还能做些什么呢？我还没准备好退休啊，于是我打算挑战一下自我。我想，既然我还有雄心壮志，不如试试检测胎儿的整个基因组吧。这无疑是非常困难的，因为基因组大约有 60 亿个碱基对，且这些 DNA 被打碎成上百亿个片段，与母亲的 DNA 片段混在一起。那时候我简直是毫无头绪。直到有一天，我和妻子去看了 3D 版的《哈利·波特》，我戴上 3D 眼镜，等待电影开始。突然间，我被“Harry Potter”字母“H”吸引住了。那一刻，在我眼中，它看起来正如一对染色体。然后我对坐在我身边的妻子说，我好像知道要怎么做了。因为我猛然意识到，胎儿的每一对染色体，都有一条来自父亲，一条来自母亲，也许我们可以针对这两条染色体设计两套算法。

我的想法基本是这样的：左边照片比如是父亲的基因组，右边照片比如是母亲的基因组。

父亲的“基因组”

母亲的“基因组”

胎儿的“基因组”

一个胎儿会从父母各自继承一半。然后我们在母亲的血液中搜寻胎儿的基因组，也就是黄色的（见下图）。首先，我们要破解父亲的基因组。我们将父母双方的基因组进行比较，然后寻找那些只与父亲基

因组吻合、与母亲基因组不吻合的片段。这是很容易的，就好比照片里的这朵花。随后，你就要在母亲的血液中寻找这朵花了。将找到的每一朵花，即来自胎儿基因组的每一个小片段拼在一起，就会得到来自父亲的一半基因组。

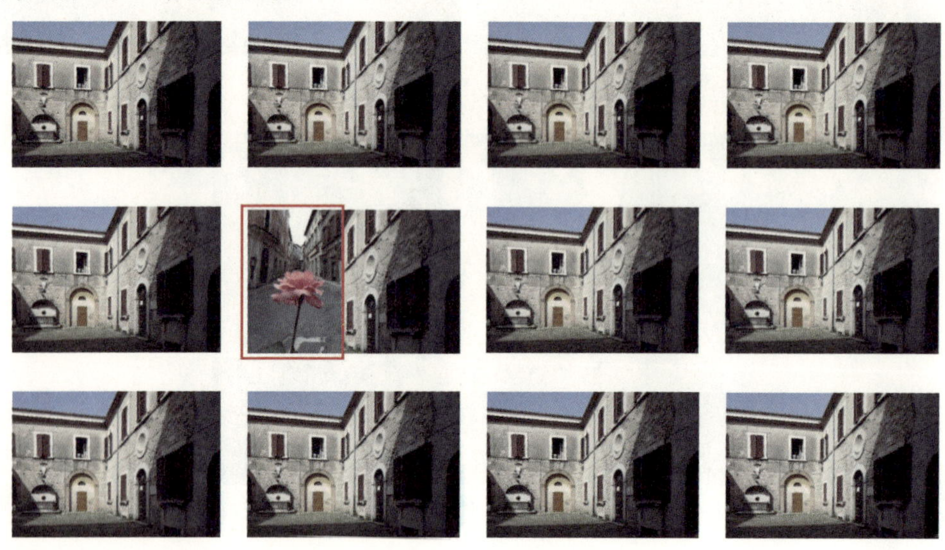

下面轮到来自母亲的一半基因组了。这个处理起来更困难，因为胎儿的DNA与母亲的DNA是混在一起的，所以任何一朵花都有可能来自胎儿，也有可能来自母亲，很难分辨并区分开来。那么就必须另辟蹊径。我们的做法是，因为母亲的基因组左手边这一半和右手边这一半应该是1:1存在的，现在想象母亲把右手边的传给了胎儿，而胎儿也释放了一点点到母亲的血液里，位于右手边的基因含量就应该比左手边的基因含量高。简言之，要做的就是计算母亲血液中这两半基因的比率，较大的一半就是胎儿继承的那一半了。

我们决定在来我们医院就诊的夫妇身上测试这一理念。他们都是遗传病乙型地中海贫血[①]致病基因的携带者，这是贫血症的一种基因型。我们对母亲的血样进行了检测，做了大量测序，测了40亿个DNA分子，那时花费是20万美元。这可能是香港有史以来花费最高的研究之一了。整个基因组都被测序出来了，包括来自胎儿的基因组，有了

① 地中海贫血又称珠蛋白生成障碍性贫血。

这个，我们在计算机中就开始在 11 号染色体上寻找乙型地中海贫血致病基因，不断缩小搜索范围，最终确定胎儿是致病基因携带者。

我们在《科学》上发表了这篇论文，当时的基因组图片被选为当期的封面图片。当然，可以预见的是，这样的技术必然会带来许多道德、社会和法律方面的问题。比如有人会说，这项技术如此简便，只需要检测孕妇的血样，难道你们就不担心这会诱使原本并不需要做产前检测的孕妇为了其他目的做产检，从而提升堕胎率吗？但我的答复是：这种技术的发展，是为了保护胎儿，避免胎儿因侵入性检测遭受不必要的伤害。当然还有些人担心会间接对遗传病患者造成歧视，毫无疑问，这些最终只能通过适当的遗传教育来解决。另外还有一部分人担心这会导致该领域越来越商业化，令有些公司越过医生的诊断，直接通过非医疗渠道推销给消费者。其实网络上已经可以找到一些提供类似测试以鉴别胎儿性别的公司了。比如有一家公司，他们甚至引用了我发表在《柳叶刀》上的研究，声称他们的产品有医学研究做支持。又比如另一家澳大利亚公司，就以 299 美元的价格提供该检测技术。

他们的宣传并不是基于科学，而是可以被看作伪科学的一种营销手段。遗憾的是，在香港也存在这种问题。在内地有严格的法律禁止基于社会目的的产前性别检测，但不幸的是，在香港没有这个法律规定。因此，每年有成千上万的内地孕妇非法地将其血样送到香港进行测试。我认为香港有关部门需要出台更严格的法律法规来打击这种做法。该技术的另一个非医疗用途就是某些公司用它来提供亲子鉴定服务。其中一家公司，你只要拨打免费电话就能授权检测。难道这就是我们想要的应用形式吗？显然，现在确实有必要展开探讨，让利益相关者与科学家深入交流了。

当然毫无疑问的是，如果我的技术可以对胎儿整个基因测序，就一定会受到更多的伦理争议。例如《科学美国人》上的一篇文章，他们认为我们走得太超前了。试问现在有多少遗传咨询机构可以为孕妇提供相关咨询？告诉她们是否要接受非侵入性产前胎儿基因测序呢？《自然》甚至提醒我们胎儿基因测序普及化所带来的洪潮。

我看了一些描述癌细胞 DNA 可以进入血液循环系统的研究，激发我们到母体的血浆里寻找胎儿的基因。现在随着这方面检测技术发展的成熟，也许是时候将此技术用于癌症检测上了。

现在，相关领域的研究在全球范围内十分火热。我们的团队一直专注于鼻咽癌方面的研究，这是一种在中国南方非常常见的癌症。我们已经研发出了一种液体活检的方法，我们想确定通过该检测能否在癌症早期筛查出病患。因为发现得越早，治愈的概率就越大。很不幸的是，现在在香港，有 76% 的鼻咽癌患者是在晚期才查出来的。因此最近我们进行了大规模的测试，在 2 万个受试者身上进行了检测。通过我们的液体活检测试，癌症早期的检出率提升至 70%。我相信这项技术如果在全中国推行，鼻咽癌的死亡率可以减半。对鼻咽癌的检测仅仅是一个开始，

我们正致力于将该检测技术推广至其他癌症的检测上。

总而言之，我希望我的一席话能让诸君相信血浆 DNA 确实是分子诊断的宝库。有了它，我们就开启了非侵入性产前检测的时代。癌症检测将会是下一个研究前沿，这项技术在其他领域里还会有更多应用，包括器官移植、自身免疫性疾病的测试等。

最后我想感谢我的研究团队，感谢大家共同取得了我们今天所展示的研究成果。我要特别感谢赵慧君和陈君赐，他们与我一起工作了十五年。我还要感谢香港中文大学副校长沈祖尧教授，以及我们医学院的院长陈家亮教授，为我们营造了一个鼓励创新的科研环境。

谢谢大家！

卢煜明

未来论坛2017年会&首届未来科学大奖颁奖典礼

2017年1月15日

第二篇

基础研究的喜悦无与伦比

每一种生物（包括人类）的行为、语言、思考等一切生命活动都是由基因所控制的。父母对子女的基因遗传以DNA作为载体来实现。如果说生命活动是一部电影，那么DNA是一部用密码写成的脚本，蛋白质们就是演员和道具，共同演绎完成这部电影。但从加密的脚本到最终的影片，还需要解码，需要对脚本进行编辑，使其成为成熟的剧本，这就是信使RNA要做的事情。把前体信使RNA中的内含子剪裁掉，把包含有效信息的外显子拼接在一起成为成熟的信使RNA，这个过程就叫做“剪接”。人类的遗传疾病，大约有35%都是剪接异常造成的。

施一公

结构生物学家
西湖高等研究院院长
中国科学院院士
2017年未来科学大奖生命科学奖获奖者

河南郑州人，中国科学院院士，美国国家科学院外籍院士，美国艺术与科学院外籍院士，结构生物学家，长江学者讲座教授，国家杰出青年基金获得者。1985 年保送进入清华大学，1989 年提前一年毕业，获学士学位；1995 年获美国约翰·霍普金斯大学医学院分子生物物理博士学位，随后在美国纪念斯隆-凯特琳癌症中心进行博士后研究；1998—2008 年历任美国普林斯顿大学分子生物学系助理教授、副教授、教授、Warner-Lambert/Parke-Davis 讲席教授。2008 年，他婉拒了美国霍华德·休斯医学研究所（HHMI）研究员的邀请，全职回到清华大学工作，任清华大学副校长、生命科学学院院长。

基础研究的喜悦无与伦比

——独家专访2017年未来科学大奖生命科学奖得主

2017年未来科学大奖获奖名单公布后，未来论坛青年理事王皓毅在第一时间电话连线生命科学奖得主施一公，对施教授进行了独家专访。

王皓毅：施教授您好，我是未来论坛的青年理事王皓毅，我正在2017年未来科学大奖获奖名单公布现场连线您，对您进行电话采访。首先，祝贺您获得了2017年未来科学大奖生命科学奖！我想代表未来论坛和公众问您几个简单的问题。

施一公：好的。

王皓毅：请您简短地介绍一下获奖成果的意义。我知道您做了大量的工作，而您获奖理由主要是关于RNA剪接体的结构以及机制的一些工作。您能不能用通俗或者简单的话给公众介绍清楚这个意义在哪里？谢谢。

施一公：好的。这次"未来科学大奖"给我的表彰主要是对"解析真核细胞信使RNA剪接体这一关键复合物的结构，揭示活性位点及分子机制"的贡献。我尽量用比较通俗的语言来解释一下我们研究的意义。

每一种生物（包括人类）的行为、语言、思考等一切生命活动都是由基因所控制的，这是一个大家比较熟悉的常识。父母对子女的基因遗传以DNA作为载体来实现。DNA承载的遗传信息决定了我们从一个受精卵发育成一个胚胎，再至一个婴儿出生，一步步发育成熟，又至衰老。那么基因如何控制每一个生物体的生命过程呢？DNA储存的遗传信息首先要转化成可以执行具体功能的蛋白质，已知的生命活动绝大多数是由蛋白质们来执行完成的。这个遗传信息从存储的DNA转化为具有各种结构、执行各种功能的蛋白质的过程，就是中心法则的主要内容。

说到这儿，对非生物专业的朋友来说可能已经有点晦涩了。我打个比较粗略的比方，如果说生命活动是一部电影，那么DNA是一部用密码写成的脚本，蛋白质们就是演员和道具，共同演绎完成这部电影。但从加密的脚本到最终的影片，还需要解码，需要对脚本进行编辑，使其成为成熟的剧本，这就是信使RNA要做的事情。

在地球上被称为"真核生物"的生命体中，中心法则的主要执行过程可以分解为如下：第一步是把我们的遗传信息从 DNA 传递到前体信使 RNA，也就是解码的过程。这个前体信使 RNA 和 DNA 是一一对应的关系。在真核生物中，绝大多数的前体信使 RNA 还不能够被直接翻译成蛋白质，因为它们常常包含有一段或者若干段长度、序列各异的片段，这些片段并不能编码蛋白质，它们被称为内含子。内含子们不能够进入最后的剧本，它们要被剪掉。前体信使 RNA 上，除了内含子之外其他的片段就叫做外显子。想象一下，每一条前体信使 RNA 就是由长度和序列各异的内含子和外显子交错连接起来。把前体信使 RNA 中的内含子剪裁掉，把包含有效信息的外显子拼接在一起成为成熟的信使 RNA，这个过程就叫做“剪接”(splicing)，顾名思义，剪掉内含子，连接外显子。成熟的信使 RNA 就可以被翻译成蛋白质了。蛋白质们辛勤做功，实现我们的运动、思维、感知、睡眠等等生理过程。

剪接这么简单的一个词，要实现起来可是异常复杂。因为内含子实在是变化太多了，一个内含子可以只有短短的几个核苷酸，也可能有成千上万个核苷酸；而内含子与外显子也是相对而言，一个内含子在另一种剪接方式下就变成了可以编码蛋白质的外显子，反之亦然。外显子的拼接方式也异常复杂，不仅可以按照由前向后的顺序拼接，还可以打乱顺序地拼接，甚至来自不同前体信使 RNA 的外显子们还可以“跨界”连接。因此，同样的 DNA 模板，同样的前体信使 RNA，因为剪接的不同，传递下来的意思完全不同了。这只是一个简单的类比，事实上，细胞世界中前体信使 RNA 的剪接要更加复杂。同一条前体信使 RNA 的剪接方式不同，产生的成熟信使 RNA 就千变万化，从而导致最后的产品蛋白质随之千变万化。

听起来好像内含子们杂乱无章，剪接随心所欲，当然不是！每个细胞对于每一条前体信使 RNA 的剪接在时空上是非常精准的。剪掉谁，剪掉多长，什么时候剪，按照什么顺序把外显子拼接起来，这每一个环节都是可能改变细胞命运的关键。想一想，一步走错，结果就千差万别，生命活动也就乱了套。所以毫不奇怪，人类的遗传疾病，大约有 35% 都是剪接异常造成的。

正因为剪接如此复杂又如此重要，这个过程不论是在单细胞的酵母中还是在我们复杂的人类中，都是由一种具有巨大分子量、由几十到几百种蛋白质和五条 RNA 动态组合形成的一个超大分子机器，被称为“剪接体”(spliceosome)。生化教科书将剪接体形容为细胞里最复杂的超大分子复合物，毫不为过。

我们再回顾一遍，中心法则主要是指从遗传物质变到控制生命过程的蛋白质这样一个信息传递过程，在真核生物里面是三步曲，每一步都有大分子复合物来催化完成：第一步转录，从 DNA 到前体信使 RNA，由 RNA 聚合酶催化，这一步基本在 2006 年之前就从分子结构上搞清楚了；第三步从成熟的信使 RNA 翻译成蛋白质，由核糖体催化，这一步也基本在 2007 年之前就了解得比较清楚了。我这里说“比较清楚”是指由于结构的解析，从而在原子、分子的层面上可以很清楚地看到这一步是如何完成的。RNA 聚合酶的结构解析获得了 2006 年的诺贝尔化学奖，核糖体的结构解析则获得了 2009 年的诺贝尔化学奖。但是中间这一步，也就是剪接，从不成熟的前体信使 RNA 到成熟的信使 RNA 这一步相对而言在分子层面很不清楚。事实上，剪接这一现象早在 1977 年就被两位美国科学家 Phillip Sharp 和 Richard Roberts 发现，他们也因此在 1993 年获得诺贝尔生理或医学奖。但是这一步究竟怎么完成？在 2015 年之前我们仍只是在遗传和生化研究上有一些线索和证据，但在结构和分子机制上并不清楚。如前所述，这一步也应该是整个三步中最复杂的一步。

王皓毅：谢谢施一公老师，您解释得非常清楚。您觉得目前第二步对于分子机制的理解在您的工作以及其他一些国际同行工作的基础上，我们已经接近完美了吗，还是说还有很多工作要做？您现在在这个方向最为核心的课题是什么？

施一公：从1977年算起，经过将近40年的研究，到了2015年初，我们从遗传角度和生化角度已经把这些RNA剪接的过程梳理出来了，化学原理也知道了，哪些蛋白、RNA来执行剪接过程也发现得差不多了。但是我们就是没有眼见为实，我们并不知道这么复杂的剪接过程是如何被精准地控制着有序发生的，我们不知道剪接体的众多组分是如何排列组合的。每个组分并不是固定不动的“板砖”，某些特定组分会在剪接的特定过程中伸伸胳膊动动腿，从而精准地找出内含子的边界，在恰当的时间恰当的地方，剪一刀或者打个结。这个过程如此复杂。要想理解它，就要捕获剪接体在工作中每一个状态的结构。不过，在2015年之前，别说每一个了，就算是随便一个状态也都被结构生物学界和RNA剪接领域视为mission impossible（不可能完成的任务）。

我从博士就做DNA和RNA的蛋白结合研究，选择博士后时还曾面试过研究核糖体结构的实验室，我在普林斯顿期间也一直关注着剪接体的研究进展，因为我觉得这是结构生物学的终极课题之一，极有挑战性。但我认为当时的技术发展相差甚远，所以一直没有痛下决心开始。直到2007年回清华，我注意到了冷冻电镜领域进步迅速而且潜力巨大，所以我对电镜的未来很有信心，判断这是一个非常好的时机。清华大学恰好拥有良好的生物电镜基础，学校批准了我们购买高端电镜的请求。坦白说，我预测到了电镜技术会有进步，却没有想到这场革命性进展来得如此迅疾。

迄今，我的实验室在这个领域里已经攻关整整十年了。在世界范围内，在2015年之前，我们知道的结构信息，包括我自己实验室前期做出来的，都是片断，都是个别蛋白或个别蛋白复合物在剪接体中的一些结构信息，就像是一个大的立体拼图，你只看到拼图中的一两个小的图块在哪儿，从来没有把这个拼图放在一起看过。2015年5月份，我的实验室第一次把来自酵母的一个内源剪接体的空间三维结构解析到了近原子分辨率的 3.6 埃，这是人类第一次完成这个大拼图，我们完整地看到了每一小片拼图的周围是哪些其他的图块，它们是如何组合在一起成为一个漂亮的机器。这个结果在同年 8 月份以两篇背靠背文章的形式发表于《科学》周刊。

从那儿以后，我的实验室以及世界上其他一些研究剪接体结构的课题组就展开了对剪接体结构各个工作状态的探索。世界上从事此项研究的主要还有另外两个团队，一家在德国马普所，另一家在英国剑桥大学的分子生物学实验室，分别由德国科学家 Reinhard Lührmann 和日裔英国科学家 Kiyoshi Nagai 率领。在我们 2015 年取得突破之后，这两家实验室和我们一起在不同的剪接体结构的探索中陆续取得一系列重要的成果。迄今，我的清华实验室一共捕获到了酵母剪接体处于 5 个工作状态的高分辨率结构，Nagai 获得了与我们类似的 2 个状态和 1 个处于更早阶段的状态。所以在酵母中，6 个关键状态已经被捕获，我个人认为对于酵母中剪接体的分子机制我们已经了解到 70%—80%。

相比于低等的酵母，我们人类中的剪接体不论成分组成还是结构，都更大更复杂。人类剪接体高分辨率结构解析的第一个突破也是我们实验室做出的——在今年 5 月份的《细胞》杂志上，我们第一次报道了来自人源剪接体近原子分辨率的三维结构。应该指出的是，Lührmann 实验室今年早些时候报道过同样状态的人源剪接体的中等分辨率结构。8 月，Lührmann 实验室还报道了处于另外一个状态的中等分辨率的人源剪接体结构。

总结起来，在对剪接现象的分子机制探索上，在酵母中我们已经取得了长足进步，征程过半；在人源中我们虽然刚刚起步，但是因为酵母和人类在剪接过程中有相同的化学机制和保守的蛋白序列，我相信对人类剪接体的结构研究以及整个前体信使 RNA 的剪接机制，在一年之内会取得长足进步，在两到三年之内应该大致搞清楚主体问题。对此我很乐观。

王皓毅：谢谢您。所以您现在主要攻关的就是人的剪接体的机制对吧。

施一公：对，我们酵母剪接体还在做，还差一两个关键状态。虽然越往后技术上越难，但是我相信我们与其他友好合作及竞争的几个实验室最终会把酵母剪接体所有关键工作步骤的结构基本都捕获，重构出一部相对完整的 RNA 剪接影片。酵母剪接体，如果作为一个大的战役来讲即将结束，剩下的是局部战斗。但这些战斗还需要多年，它不再是两年三年的攻坚战，也许是五年、十年甚至二十年的持久战，因为我们解析了正常的剪接体结构之后，就要利用酵母利于引入突变的特点来研究与疾病有关的剪接体突变体的结构，看看它们如何变得异常，如何导致疾病；还要研究剪接体的调控机制，理解它们的时空调控等等。所以说即使在酵母中也还有多年的工作要做，细水长流，但是就酵母剪接体结构本身的战略性大进展我认为已经接近尾声。而已经展开的针对更为复杂的人源剪接体的结构生物学探索则是另外一场攻坚战。

王皓毅：接下来我把两个问题合在一起，第一是您得到今年这个奖之后有什么感想？第二是对于刚刚踏入生命科学研究领域的新人，新的独立的研究人员、新的助理教授，或者是一些新的学生，您有什么样的寄语或者有什么样的建议？谢谢。

施一公：获奖后的感受其实挺多的，当然第一感觉是非常的兴奋、非常的激动，感谢我的提名人、外围评审专家以及评奖委员会对我工作的认可；感谢我的妻子仁滨长期以来对我繁重研究工作的理解和支持，也感谢两个孩子逐渐开始懂事、开始理解爸爸；感谢国家自然科学基金委员会评审专家对我的信任和基金委对我研究工作长期的资助。但是感触最大的是，这体现了我国过去十年基础研究长期投入以后中国整个科学技术的发展。剪接体的结构生物学探索，是我完完全全回到清华以后白手起家、探索胶着、最终取得突破的。2007 年我回清华的时候，清华大学当时的本科基础教育已经是世界一流，毫无疑问清华大学的本科生培养总体水平世界领先。但实话实说，十年前即便在清华北大这样中国最好的高校，我们在基础研究上还是面临极大的困难，远远落后于欧美一流大学，和世界领先水平总体相差甚远。以至于像清华这样的学校，如果我们想招聘国外一流的青年才俊回国来担任教职的话是非常困难的。

2007 年、2008 年的时候我经常感慨，如果清华和美国比较好的研究型的州立大学竞争青年人才，我认为我们的胜算当时是不足 10%的，我们处于严重劣势。十年之后的今天，比如说在生命科学领域，清华兵强马壮，我们现在的整体规模比十年之前扩大了四倍，从科研实力上扩大了不止一个数量级。我常常鼓励我们的老师、学生说，现在的清华比起美国一般的研究型的州立大学，无论是从科研设施还是竞争实力来讲都不仅仅是略胜一筹，竞争优秀青年人才的胜算应该在百分之八九十！几年前在清华刚刚开始独立研究生涯的六七位年轻教授被国外一流大学和一流研究机构争相招聘，这一点在十年前想都不敢想！现在我们的师生出国交流的机会很多，很多人回来感慨国内科学研究的支持强度之大、科研条件之好。我一路走过来，回头看确实是今非昔比，与十年前相比已经沧海桑田。

这样的进步得益于国家对研究型大学基础研究的长期投入，才使得我们有这样的科研条件，能够做出这样的成绩来，能够脱颖而出，所以在我从事的结构生物学领域，我们还是比较自信地说清华已经走在世界前沿。两年前，清华的结构生物学中心入选首批北京高等学校高精尖创新中心，如虎添翼，进一步坚定了我们在自己研究领域引领世界的信心。所以我非常感谢国家、北京市和清华大学常年来对基础研究的投入和重视。

另外一个非常强烈的感受就是，尽管未来大奖是奖励个人，但它真正认可的是我们在剪接体结构生物学领域的突破，而这些突破当然不是我一个人做的，我只是这个团队的领队和指导而已。脚踏实地全力以赴做出贡献的是我实验室的博士生和博士后们，几届学生，历经十年。大家看到的是现在的成果，而看不到我们早期的挣扎、没有发表的结果，其背后也是非常优秀的博士生和博士后，包括从武汉大学来到清华的博士后、现在已经在华中农业大学做教授的殷平，清华本科后加盟我实验室攻读博士学位、现在哈佛医学院做博士后的周丽君和她的小助手周雨霖，以及中国科学技术大学本科后做我的博士生、现在西雅图的华盛顿大学做博士后的卢培龙，等等，尽管他们的名字并没有出现在 2015 年的剪接体结构的文章中，但他们前面建立系统，趟了很多路，其实在英雄榜上都应该有他们的名字。随后我的几位博士生和博士后，尤其是清华本科毕业后就跟着我读硕士、博士、博士后的闫创业，中山大学本科后加盟我实验室的万蕊雪，武汉大学本科后加盟清华的杭婧，再往后是白蕊、张晓峰、占谢超、王琳、黄高兴宇，和来自美国的博士后 Lorenzo Finci。现在又有最新一代加盟进来，他们真的是英雄。RNA 操作对于技术要求极为严格，他们认真设计实验，一丝不苟地分析每一个结果，奋战在我们的冷冻电镜平台、冷室、样品间，用生化、分子生物学的手段优化出最好的样品，用冷冻电镜收集数据。我真是非常幸运，有这些学生信任我的判断，愿意与我一起去冒险和努力付出。他们真是非常的优秀，没有他们就不可能取得这些突破。

基础研究，很多青年学生可能不了解的时候觉得很遥远，而且觉得很深奥，甚至想象得太过高大上，似乎每一个成果都是惊天地泣鬼神的。其实我很想对我们的本科生、我们的中学生、我们的小学生讲，基础研究确实很深奥，但也非常简单。这个过程大家可以很快地适应，并不是说你一定要数学考多少分，你的数学物理基础要多强才能做基础研究，实际上基础研究的门槛主要是来自兴趣和好奇。我相信，当你对基础研究真正感兴趣的时候，很多人都可以做基础研究，它是一个门槛并不算高，进来以后可以逐渐通过自己的兴趣培养出能力的学科。而基础研究一旦入门以后，你会得到无穷无尽的快乐。我相信不仅是我，我的所有取得过研究突破的博士生和博士后都会告诉你们做基础研究获得的喜悦和成就感。尤其是得到突破之后，这种快乐是无与伦比的，我觉得是世界上独一无二的一种喜悦。我有一个学生曾经因为课题不顺利，郁闷到要转行，工作都联系好了，在南方一个消费不太高的城市，年薪 20 万。但是就在最后半年，他取得了突破，这种苦尽甘来的巨大反差让他改了主意，5 年博士毕业后去了美国继续从事博士后研究，最近告诉我他很庆幸最后的坚持。

我很理解他的这种心态，而且有这种心理变化的人不止他一个，我年轻时也经历过。这个世界最容易让我着迷的是不可预测的未来，是未知的那些部分。基础研究的每一项突破都让我们在宇宙中、在地球上把我们人类的已知边界向外拓展了一步,都让人类在未知世界的探索中又往前迈进了一步；而任何一个取得这种基础研究突破的研究人员，无论是学生、博士后还是教授，都是创造历史的一部分，他们的研究与他们的名字连在一起，这种喜悦是无法用语言来形容的。我想我的很多同事都经历过这种感受，我也想借此激励我们的青年学生保持对科学研究的兴趣。

王皓毅：最后我想问技术方面的问题，您现在用的冷冻电镜技术，得到的应该还是某一个时刻的一张照片。有没有可能将来出现某个技术可以让我们看到活体实体分子在分子水平的运动？

施一公：冷冻电镜技术过去十来年确实经历了一场革命，为结构生物学，甚至其他的生物医药相关学科带来了巨大变革。冷冻电镜跟大家想象中的用电子显微镜只能观察到一个蛋白质大分子的轮廓已经完全不一样了。因为几年之前冷冻电镜在技术上取得了突破，一是硬件，也就是探测器或照相机的革命性突破，二是软件计算方法的进展。以前获取电镜图像，与我们日常用的相机类似，经历了胶片和 CCD 两代探测器，但都有这样那样的问题，限制了分辨率的提高。最近十年，材料科学、物理学、计算机科学，包括数据存储技术等多学科现代科学技术的进步催生了能够直接记录电子的探测器，辅之以图像处理技术和算法的进步，于是把冷冻电镜成像获得的结构从几纳米的分辨率推进到 2 ~ 4 埃，就是 0.2 ~ 0.4 纳米，也就是大家经常讲的近原子分辨率。现在最新的进展是已经达到 1.5 埃，也许再过几年，用冷冻电镜看到原子水平上的精细结构就会成为常态，会在最精准的水平上理解生命过程。

生命过程是动态的，而我们现在看到的照片都是静态的。但你可以想象，这些样品在冷冻之前必然是动态的，那么一幅一幅照片最终应该能够还原冷冻之前的各种状态，现在已经有以 Joachim Frank 教授为代表的电镜专家做理论和方法的探索，试图从静态的照片中还原动态过程。我相信将来随着冷冻电镜软硬件技术的进一步突破，结合其他的成像手段等，我们将会观测到细胞内生物大分子的动态变化。

王皓毅：在剪接体这个战役进行并且将来完成的时候，您觉得对您个人来说最有趣、最重要的一个结构生物学问题会是什么呢？

施一公：在三年前，英国的著名学术期刊《自然》为庆祝 X 射线晶体学百年发表了一篇评论，在结尾一段提出了结构生物学的两大“圣杯”：一个就是剪接体，那位写评论的作者可能悲观了一些，没想到一年之后我们就把剪接体的高分辨率结构做出来了；另外一个叫核孔复合体，其分子量超过 1 亿道尔顿[①]，是剪接体的几十倍。当然剪接体的难度在于其高度动态，有多种工作状态。我们说剪接体的时候不是指一个复合物，而是指一系列的成分和结构都不同的复合物，人为分类到大约十个不同的大分子复合物，每两个之间都有很大的成分和

[①]道尔顿，原子质量单位，1 道尔顿=1.66054×10^{-27} 千克。

结构变化，它们统称为剪接体。而对于我刚才说的核孔复合体来讲，它是一个相对而言比较静态比较固定的超分子复合物，并且具有八次对称性。这个复合物是目前结构生物学的另外一个重大悬而未决的问题，世界上很多的实验室已经在对这个问题进行攻关，现在最好的分辨率已经到了20埃之内，当然比起剪接体的3—4埃的分辨率，它还有很大的距离。除此之外，随着我们对细胞内精细结构的了解，也许会有一批我们以前可能都未意识到其存在的超分子复合物被发现，与核孔复合物一起成为结构生物学新的攻坚方向，它们的原子精细信息也会陆续被我们结构生物学家们捕获，从根本上加深我们对生命的理解，从根本上促进精准制药的过程。

但是于我而言，最有趣的应该还是剪接体。如我前面所说，这是持久战。我们不仅要获得它们在体外的结构，我们还想看到它们在细胞内部的动态组合和变化，我们想根据结构信息来设计筛选可能的药物。而我认为对结构生物学这个领域而言，如何获得分子在细胞原位的高分辨率结构包括其动态信息将会是一个主要的攻坚方向。

王皓毅：谢谢施一公老师。最后再次感谢您接受我们的采访，也再次祝贺您获得今年的未来科学大奖生命科学奖，谢谢您。

施一公：谢谢大家。

2017年9月

第三篇

研究人脑与制造外脑

继欧盟、美国、日本启动“人脑计划”后，中国将“脑计划”写入国家“十三五”规划。脑科学和类脑智能研究俨然已成为大国必争之地。脑科学被视为人类理解自然界现象和人类本身的终极疆域。人们希望在理解脑认知神经原理的基础上，研发出新的脑重大疾病诊治手段和脑机智能技术。可以预见，在脑科学研究的推动下，人类将拥有越来越强大的“智能外脑”。当借力变成依赖，人脑的功能是否会衰退？

|对话主持人|

鲁　白　清华大学药学院教授

|对话嘉宾|

韩璧丞　BrainCo 创始人、哈佛大学博士生

骆利群　斯坦福大学文理学院讲席教授、美国艺术与科学学院院士、美国国家科学院院士、未来科学大奖科学委员会委员

罗敏敏　北京生命科学研究所研究员、清华大学生命科学学院教授

鲁　白：大家好，我是神经科学家鲁白，业余做主持人，还有一个身份是《知识分子》主编。现在进入我们今天的主题环节，我做过很多次主持，但是今天的主持有一点困难，因为今天的嘉宾的跨度非常大。斯坦福大学教授、著名的美国神经科学家骆利群，拥有世界级影响力的中国的神经学家罗敏敏教授，哈佛大学的神经科学研究生韩璧丞，他可不是一般的研究生，他做了一家公司，现在非常热门，所以我们这个跨度非常大。今天我们设计了一下想要问的问题，大概有几个方面，首先我们想要问一下今天的嘉宾，为什么要研究脑？现在我们做一个小小的规定，我可以问问题，大家也可以打断，我希望每个人讲的不要超过三分钟。韩璧丞先来讲一讲。

韩璧丞：大家好，我是韩璧丞，现在是哈佛大学脑科学中心的博士生，也是BrainCo创始人，现在很高兴和几位脑科学的老师做交流，在各位老师面前我只能算是一个小学生。现在给大家介绍一下我们所做的项目，叫做脑机接口。

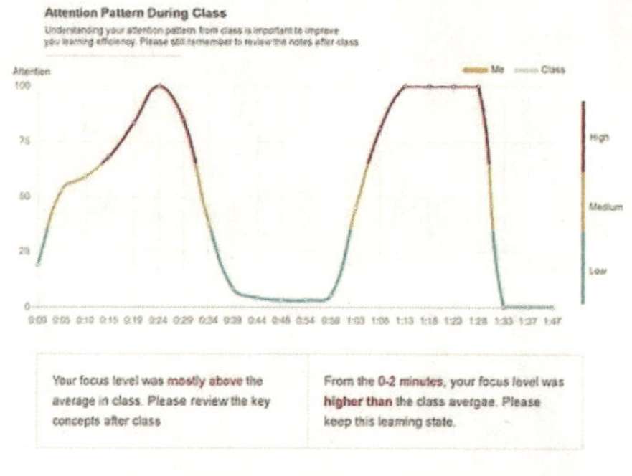

我们研究的领域相当于把人的大脑和机器连接起来，Elon Musk 今年成立了一家公司帮助人有更强的大脑，我们做的是同样的事情。我们做了一套实时注意力检测和分析系统，可以在课堂上提高学生的学习效率。它可以实时检测学生的注意力，让老师知道每一个学生每分每秒的注意力程度，帮助学生提高成绩。学生在每节课之后会收到一个报告，知道自己的状态是什么样的。利用这套系统可以实现运用神经反馈训练治疗多动症。同时我们也研发了一套脑电信号的反馈系统，用大脑控制很多的外部设备，目的并不只是用来控制，更是在训练过程中提高自己大脑的特殊的波动的控制，比如说 β 波可以控制自己的注意力；还可以控制外部的仪器，包括人形机器人，通过大量的训练来识别你的意识来做出相应的动作。2001 年美国第一次做了给瘫痪病人大脑植入可控制外部设备的芯片的实验，过了 17 年之后我们可以不用做大脑手术，而通过算法用多电极来进行控制，我们在实验室里已经做了一些相关研究。

最近的一项研究，我们把几百个语句在大脑中反复地想，然后进行编译，通过大量的训练，就可以实现通过意念在手机上拨号或者写出简单的句子。这项研究被《福布斯》杂志在2017年7月进行了报道，希望以后可以改变人们对外交流的模式，而不是仅仅通过现有的语言系统，这是我们正在做的研究，谢谢大家。

罗敏敏：大家好，我叫罗敏敏，是北京生命科学研究所的研究员，也是清华大学生命科学学院的教授。我们实验室主要是以小鼠为模型，研究奖励与惩罚这些非常重要的信号在脑袋里面是如何处理的；也研究这些神经环路出了一些问题之后，和一些精神疾病（如毒品的成瘾、抑郁症、应急障碍等）的关系及可能的疗法。谢谢大家。

鲁　白：你可不可以讲一个或者是两个你们研究的工作，比如我个人觉得非常特别的工作——GPS。

罗敏敏：我猜想鲁白老师讲的是，我们最近发现脑袋里面有一个区域是调控动物运作和觉醒的，我们把一个动物的脑区的信号提取出来，转化为光信号，注射到另外一个动物的同一脑区，或者是同一个动物的其他脑区去，导致一个动物运动的时候，其他的动物跟着动，就是脑与脑之间的直接的信息交流。另外一个是我们发现脑袋里有一个区域是控制捕食行为的，我们刺激小鼠的这部分脑区之后，动物出现了疯狂的捕食攻击，但只杀不吃，所以脑袋里面显然有一些控制特殊功能的区域。

鲁　白：这个地方我们不要刺激它，否则把你干掉了。接下来我们探讨的是做脑科学研究有什么用？一个是大家脑袋里面有各种各样的脑疾病，也许我们通过脑研究就可以研发出一种办法来治疗我们的疾病。还有一种是我们的脑有很多的功能，把脑的功能开发出来，可能具有很多的商业用处，比如刚刚说到的脑机接口的用处。但是，事实上大多数做脑科学研究的人，都不是在干这件事，大家都在做我们如何来认识脑功能。做这个东西有什么用？在座的很多人会觉得我们为国家交了很多税，国家把很多钱给了科学家，给像骆利群这样的人在那里玩，哦，他拿的是美国人的钱，我想听听美国的老百姓是怎么看我们的脑科学家拿着他们的钱在玩。

骆利群：实验室确实得到很多赞助，特别是最近的脑计划，给了我们实验室很多钱，有的是研究制造新的工具，有的是用这个工具去研究脑，对我个人来讲我研究神经科学主要的目的并不是治病救人。我记得以前有人问登山者，为什么要去登珠穆朗玛峰，这么高，这么辛苦，还有生命危险？有人回答得特别简单，因为它在那里（Because it’s there）。我们的宇宙里，可以说大脑是最复杂的，我们所有在座的人，现在都正在使用你们的大脑，改变你们的大脑，今天听完这个讲座以后，我估计你们应该有很多的神经连接，也就是突触会变化，有的变强了，有的变弱了，你就记得我们这场对话了。这是每天都在改变我们这个生活的一个事情，我们对具体神经元怎么连在一起，怎么传送信号，怎么能够让我们产生各种各样的功能等，确实知道的太少了。这是为什么我要写教科书。我花费五年时间写了一本《神经科学原理》的教科书，两年前在美国出版，现在中文版马上就要出来了。就是说希望能够让青少年更多地来学习神经科学，或者变成神经科学家，或者将神经科学的原理运用到不同的领域里面，运用到生活中去。

鲁　白：对科学家来说，最不言而喻的事情是我的好奇心让我去做这个研究，我是不管这个研究有没有用的，我想罗敏敏教授也许有一些类似的想法。

罗敏敏：对，我也同意。我们在实验室大概一周七天，每天十多个小时，从赚钱的角度，这不是一个最好的选择，但是我们就愿意做。我大学学的是心理学，后来硕士学的是计算机，最后才去学神经生物。很多人经常问我为什么这么做？因为我刚刚读完计算机的时候，在美国一个计算机专业硕士的工资比博士生高了很多倍。我的回答是我想看看脑袋是怎么工作的，我觉得这是一件很酷的事情。

一开始是好奇心，不过，随着研究工作有一些进展，做着做着你会发现实际上精神疾病和我们的工作的关系不是想象中的那么遥远，有的时候还是挺紧密的，有的时候确实会发现一些机会，可以做一些工作，跟疾病的治疗或者药物的开发有关系。所以我们除了满足自己的好奇心之外，也会做一点跟疾病相关的工作。

鲁　白：我们年轻一代想法不一样，书还没有读完呢，就去赚钱了。

韩璧丞：我以前在学校的英式橄榄球队，有一个队友因为参加训练被撞成了脑震荡，语言功能受损，后来哈佛的橄榄球队为了纪念他，五年内所有人参加所有活动都要戴上纪念领带，这是橄榄球队为他设计的领带。但在当时为什么无法说话，脑袋因为什么损伤了，人们根本不知道。现在 80 岁以上的人，很多有老年痴呆了，目前为止没有任何药可以去有效治疗。大家可以想一下，大家可能都会活到 80 岁，很多的人都会过上老年痴呆的生活，所以这是一个很严重的问题。在 2017 年 MIT 发现用 40Hz 的伽马波可以减少老年痴呆的病症，这也属于脑机接口的领域，像这样的一个一个事情和发现，激励我们这帮年轻人开始不断学习，或者是说研究这个领域。而且对于我来说脑科学非常有意思，我觉得骆利群教授非常清楚，现在对动物神经系统研究最清楚的是秀丽隐杆线虫（*C.elegans*）的神经系统，全身近三分之一的细胞是神经元（更准确地说雌雄同体的成年线虫在全部 959 个神经元中含有 302 个神经元）。但是人的大脑有 1000 多亿个神经元，现在我们对连接和回路知道得还非常少，所以我觉得在研究的层面来说是非常有意思的。

参考：http://www.sfu.ca/biology/faculty/hutter/hutterlab/research/Ce_nervous_system.html

***C. elegans* nervous system**

The nervous system is by far the most complex organ in *C. elegans*. Almost a third of all the cells in the body (302 out of 959 in the adult hermaphrodite to be precise) are neurons. 20 of these neurons are located inside the pharynx, which has its own nervous system. The remaining 282 neurons are located in various ganglia in the head and tail and also along the ventral cord, the main longitudinal axon tract. The majority of the neurons develops during embryogenesis, but 80 neurons - mainly motoneurons - develop postembryonically. The structure of the nervous system has been described in unprecedented detail by electron microscopic reconstruction (White et al., 1986). The high resolution obtained with electron microscopic images allowed White and colleagues to identify all the synapses (about 5000 chemical synapses, 2000 neuromuscular junctions and some 500 gap junctions), map all the connections and work out the entire neuronal circuit.

dorsal cord
head ganglia (brain)
ventral cord
tail ganglia

Figure 1: C. elegans nervous system: all neurons labelled with a fluorescent marker (GFP)

鲁　白： 所以还是出于兴趣，不小心做了一个公司，不小心开始赚钱。所以，这可能是现在我们要讲的，从我们个人的层面上来讲，为什么我们要做大脑的研究？我们老百姓也好，政府也好，为什么要支持脑研究？现在我们进入第二个我们想要讨论的问题，所谓的脑计划，四五年前吧，美国、欧盟和日本等国家和地区，纷纷启动了国家级别的脑计划，中国也是一直在讨论，可能是在今年年底，或者是明年年初正式宣布中国的脑计划，那我们百姓都可能会问这样一个问题，为什么发达国家，以及正在想要成为发达国家的中国，要花这么多的钱去做一个看来不是像过去的这种大型的计划，比如说基因组计划、阿波罗登月计划、曼哈顿计划，这些都是一个工程的计划，而这个脑计划的根本目的是认识脑，并不是说要有一个什么样的产品或者是说实现一个有明确目标的工程项目。各位科学家，都来谈谈为什么各个国家要发起脑计划。

骆利群：我谈谈我的看法，我也参加过几个脑计划的讨论会，主要原因像刚刚报告讲的，之前十年到十五年之间神经科学里面确实有很多的新技术，能够跨不同的领域，能把分子生物细胞突触水平与整个的动物行为连在一起，在这个过程中我们尝到了一点甜头，但是，又发现这只是很小的一部分。如果我们能够更多地建立新技术，而且把这些技术加以推广，不仅仅是在小鼠里面，而且能够在灵长类，或者是哪天用到人身上的话，我们对这个世界的改变会有很多的动力。就是说对科学的理解，对脑的理解，可以有突飞猛进的发展。另外就是脑计划要通过国会批准，要向老百姓交代，那不仅是对"人脑的理解"，而且是能够治病救人的。有很多神经系统的疾病，如果我们能把大脑基础科学搞清楚的话，就会促进很多的研究发展。我记得 20 世纪 80 年代我在做研究生的时候，美国刚刚讨论基因组计划（genome project）要不要做，当时大多数的教授都反对，说这个基因组测序有什么意思。我们都知道 2% 的基因是蛋白质编码基因（encoding protein），98% 是"垃圾 DNA"，没有什么用处，我记得我的研究生导师就在那儿说这不是个好主意。现在再来看，基因组计划对我们的经济、社会有了那么大的贡献。

基因组研究尽管投资很多，但是，一旦成功，投资每一分都可以得到几百倍的回报。

鲁　白：投入 1 块钱有 183 块钱的回报。

骆利群：确切！所以脑计划的人也在那儿说，你看 20 多年前，我们做基因组计划的时候，谁都没有想到，我们只是想要解决有多少基因在基因组蓝图中。谁都没有想到现在竟产生了这么多生产力，所以现在的脑计划的科学家就像 25 年前的基因组计划的科学家一样。

鲁　白：罗敏敏，我给你一个比较难的问题，你觉得你所知的国际国内的神经科学的研究，现在有哪些重大的问题在未来三五年之内可能是大家感兴趣的，或者是说可能被解决的，给大家做一个展望。什么事情可以解决，什么事情不能解决。

罗敏敏： 做预言家是很难的，尤其是做科学的预言。

鲁　白： 你觉得什么是重要的？不要做科学的预言。

罗敏敏： 每次我跟研究生座谈的时候，我总是问他们：你们觉得神经科学最重要的问题是什么？他们都说想搞清楚人的意识是怎么回事。我觉得这是非常重要的问题，但是还有很多简单的问题也很重要，比如说在座的很多女士非常担心肥胖的事情，现在为止也没有一个真正的减肥药，肥胖是这个社会最难的问题之一。有的肥胖原因是代谢性的疾病，也有很多其他的原因。所以，我觉得这些跟健康有关的非常重要的行为，它的环路可能从低等动物到高等动物都比较保守，比如说喝水和进食、睡眠，这些领域我觉得在未来是有可能最先获得突破的。

鲁　白： 作为研究生，你们是八九点钟的太阳，未来是寄希望于你们，比如你们现在代表神经科学家，你们觉得最想要解决的问题，包括哪些方面？

韩璧丞：其他东西我了解得不多，在脑机接口领域人们会比较想了解情感计算和意识输出。我觉得以前脑机接口的门槛太高了，很多的工具也不成熟。现在，在人工智能逐渐发展的情况下，特别是像李飞飞教授，以及其他顶尖教授研发了更多新工具，这时很多的脑机接口的问题得到了解决，包括我们现在也在和很多科学家做一个非常大的脑电数据库，想通过人工智能的方法去解决一些人类基本的问题。

鲁　白：现在我们进入第三个问题，我本来是想让各位谈一谈神经科学的今天和明天，但是，今天的讲座把我们的讨论纳入到了一个神经科学与人工智能（AI）之间的关系的问题。那今天我们来谈谈这个问题。首先我说一个。刚才丁健说，大家不用担心，机器代替人脑可能需要很长的时间才能够实现，那比如说我能够再活 100 年，怎么办？我也要担心我的大脑会不会被机器取代。我最近在清华做了一个课程，关于脑科学对话人工智能。这堂课里面我们请了很多在 AI 企业界做研究的专家，我们作为脑科学家跟他们对话。我们的开场白是这样的：有两个领域，机器肯定会超过我的脑子，已经超过在座的所有人的脑子，一个是计算，另一个是记忆，这两个领域怎么跟机器比也比不过。但是有另外五个领域，大家放心，机器永远超不过人脑，所以我活到 100 岁，丁健活到 200 岁都没有关系。这就是情绪、想象与创造、意识——机器是不可能有意识或者自我意识的。还有一个是社交，我们会形成一个社交网络，各个不同层面的社交网络，机器之间进行交朋友或者是形成一个社交网络，这个是很难想象的。最后一个是刚刚已经提到的发育（development），机器的硬件是不会变的，而人脑从出生开始，脑子里面的突触一直在变，也就是说硬件在变，变得越来越能够适应功能了。随着环境的变化和情况的变化，我们在变化，所以在这五个方面，丁健你放心，机器永远超不过你。

在之前李飞飞教授跟我曾探讨了一个问题，现在我把问题交给骆利群教授——神经系统科学还能教 AI 什么呢？就是我们的大脑能教 AI 什么呢？

骆利群：首先我们也是能从人工智能当中有所学习的，实际上我正在研究如何向机器学习。它们从我们这儿偷了很多的好主意，我们也可以偷一点回来。

鲁　白：那还有什么可以被“偷”的？

骆利群：我觉得有一个根本的不同点，就是你刚刚说的人脑和机器是非常不同的。我刚才简单地讲了，可能讲得很快，没有说明白，就是说在人脑里面，每个神经元平均来说有 1000 个输入和输出，机器三极管就是三个输出和输入，所以人脑比单一的晶体管强大。我在我的教科书里面举了一个例子，高级的网球队员在打网球的时候，如果对方是一个发球发得最快的，时速达每小时 160 公里，从看到球，然后调整脚步和手打过去，这一连串动作会在 300 毫秒内完成。你说计算机算得很快，为什么人也可以做到？因为我们有很多不同的平行操作(parallel processing)。另外学习很重要，一个初等的运动员根本回不了这样的球，就是因为他有很多的突触需要去调节。计算机架构也能进行这种调节的话，将大大提高它的性能。

鲁　白：今天我们留下一点时间给观众。

观　众：你好，我是北京四中高中部的学生，关于脑机接口方面，我就想问一下韩老师，在高中阶段，我可以提前做一些什么准备，有针对性学一些什么东西？您刚刚一直在说，从脑往外输出这些东西，我想请您介绍一下输入。比如我戴一个设备，是不是看到的不是眼睛看到的，而是电脑输入的画面。

韩璧丞：我简单回答一下，第一个问题，你可以看一本书，书名是《脑机穿越》(Beyond Boundaries)，这是非常好的脑机接口的启蒙教材。第二，关于输入方面，有个光遗传的技术，在神经元上的特异表达的蛋白相当于通道，通过光闪来打开通道，来控制大脑，输入信息。另外，哈佛大学医学院的柳承世（Seung-Schik Yoo）研制出一个系统，实现超声波对大脑的控制。人类志愿者佩戴电机帽收集脑电波，通过电脑转化为超声波，然后超声波脉冲刺激实验老鼠大脑的运动皮质，使老鼠的尾巴摆动，这就是人脑利用超声波稳态视觉诱发电位(SSVEP)来控制老鼠尾巴去动。现在我们知道可行的输出，比较稳定的就是上述这两个，你可以了解一下。

参考：SSVEP　https://www.youtube.com/watch?v=VaJjHgyHnEc

观　众：我是国际象棋国家队的队员。1996年第一次人机大战的时候，卡斯帕罗夫（Garry Kasparov）第一场赢了，第二、三场输了，一胜两负；2016年李世石输了，然后柯洁又输了，我们下棋的人感觉很受伤。我想问一下罗敏敏老师，下一次人脑和机器的比赛还会在棋坛或者其他什么领域？是不是每一次关于人脑和机器的讨论，一定是由一个社会关注的事件引发的？谢谢您。

罗敏敏：我简单说一下我的想法，人会一直输，机器会一直赢。只要设定一个任务，或者是某一种形式的固定的事情，机器都会做得比人好。我也不同意鲁老师刚才讲的机器没有意识或者是说没有情绪，你可以设计让机器或者是人工智能有意识和情绪，取决于你如何定义这个情绪。区别就是你永远不可能找出一个和人一样的人工智能。

李飞飞：刚才罗老师说人脑在计算上很难比得过机器，我听你的

问题抓住了一个词，你说下棋的选手很受伤，你觉得机器会受伤吗？机器会像每一个人一样体会到不同的伤吗？这是人脑和机器的区别。

罗敏敏：应该不会，刚刚鲁老师说到五个领域，其中一个是情感和情绪。

鲁　白：刚刚罗敏敏也说了他让机器有情感，那也是人设计进去的。我不知道他想设计什么样的情感，我猜可能是一个人和机器人谈恋爱。由于时间的关系，今天的讨论到此结束，谢谢大家。

鲁白、韩璧丞、骆利群、罗敏敏

2017 未来科学大奖颁奖典礼暨未来论坛年会研讨会 11

2017 年 10 月 29 日

第四篇

计算科学驱动的创新药物研发

20 世纪七八十年代之前，我们的新药研发模式基本上是大海捞针型，例如青霉素和青蒿素等新药的发现；七八十年代以后，分子生物学迅猛发展，越来越多与疾病相关的分子靶点被发现，整个医药工业界走向基于疾病相关的分子靶点进行药物筛选的模式，通过化合物大量合成和筛选，走高通量筛选之路，研发一个新药的时间很长，花费巨大；现在计算科学驱动的新药研发模式，有望同实验筛选的传统模式互相补充，基于我们对疾病靶标三维结构的了解，基于物理学原理的计算化学方法，利用计算机来虚拟筛选几百万、几千万个化合物，能极大地节省新药研发初期的成本和时间。我相信这是新药研发未来必经之路。

黄　牛　｜北京生命科学研究所高级研究员

南开大学物理系学士，美国马里兰大学博士，加利福尼亚大学旧金山分校博士后。现任职于北京生命科学研究所，高级研究员。获得“2013 药明康德生命化学研究奖”学者奖，2014 年北京市“海外高层次人才”。主要研究方向是发展和应用基于物理学原理的计算化学方法，预测生物大分子和化学小分子之间相互结合自由能，架起基础研究与新药创制之间的桥梁。已经利用计算方法成功研发全新药物靶标 FTO (肥胖基因)抑制剂，5-羟色胺受体的特异性拮抗剂以及免疫相关蛋白激酶的多靶点抑制剂等具有独特性和自主知识产权的创新药物候选物，已聚焦临床前研究阶段。以其专利技术为主导，主要来完成新药开发中后期工作的公司已于 2014 年成立，主要致力于开发治疗肥胖及代谢相关疾病以及治疗肠易激综合征等满足医疗迫切需求的首创性新药。

计算科学驱动的创新药物研发

为了方便大家了解我的研究工作，同时也是为了能让我紧张的心情放松一点，我先用一个段子作为开场白。这个段子是我最喜欢的关于科学发展历程的："数学点燃了物理的灯，物理照亮了化学的路，化学通向了生物的坑。"我本科在物理系，后来博士和博士后都是做计算化学的研究，回国来到北京生命科学研究所，一个纯粹做生命科学基础研究的地方，开始了我独立的科学研究生涯，也就是说从物理到化学，到最后掉进了生物的坑。在这个过程中对于我来讲，我得到的最大的启示，同时也是创新第一大要素，就是多学科之间的交叉、互补，融会贯通。我以前不同学科的经历极大地开阔了眼界，也为现在的创新和创业奠定了基础。

创新的第二要素，我自己的理解，是我们一定要面向未来。未来是什么样子？未来将会由计算科学驱动。做生命科学研究的人都知道，目前的生命科学是一个试错的实验科学，但是整个科学的发展趋势决定了实验科学最终要发展成为用理论指导，用计算工具解决问题的科学。创新的第三要素，是一定要对社会有意义。生命科学研究的终极目标，无非是提高人类生活质量，如可以预防、诊断和治疗某种不治之症。对于这一点，我过去几年深有体会。我们做创新药物研究，要做意义重大的，别人从来没有做过的或者没有做出来的，并愿意去为此承担风险。满足上面的三要素，创新创业也就顺理成章了。

20 世纪七八十年代之前，我们的新药是基于什么样的研发模式发现的？不管是青霉素还是青蒿素等的发现，基本上都是大海捞针型。这种模式不可复制，已经逐渐被现在主流的新药研发模式取代了。20 世纪七八十年代以后，随着分子生物学迅猛发展，越来越多与疾病相关的分子靶点（如受体、酶等）被发现，整个医药工业界走向基于疾病相关的分子靶点进行药物筛选的模式，通过化合物大量合成和大量筛选，走高通量筛选的路子。一般建立一个体外的生物学筛选模型（如酶或受体的抑制或激活），用机器人筛选几十万、上百万规模的化合物库，找到苗头化合物，然后一步一步进行结构优化。在这种研发模式下，研发一个新药的时间很长，花费巨大。据统计，目前成功上市一个新药要花费约 28.58 亿美元。这个费用，不同的统计机构给出的数字不同，但是对于科研人员来讲都是天文数字。这种情况下我们怎么样来研发一个首创新药呢？计算科学驱动的新药研发模式是一个方向。基于我们对疾病相关的靶点尤其是对它的三维结构的了解，我们可以运用物理学原理、计算化学的方法，利用计算机来虚拟筛选几百万、几千万个化合物，通过计算靶点和小分子化合物相互作用能，把瓶瓶罐罐的药物筛选变成一个物理学的问题，变成一个计算机里的数学物理模型。只挑选极少量的、计算打分最优的小分子化合物进行生物学实验测试，进行下一步的优化和新药研发，如果成功的话，能极大地节省新药研发初期的物力、人力成本和时间。当然这种模式目前还有很大的局限性，但随着我们计算技术能力迅猛提高，我们对疾病靶点相关知识越来越深入的了解,以及大量靶标结构解析越来越清晰，这些问题都将有解决方案。我相信这是新药研发未来必经之路。

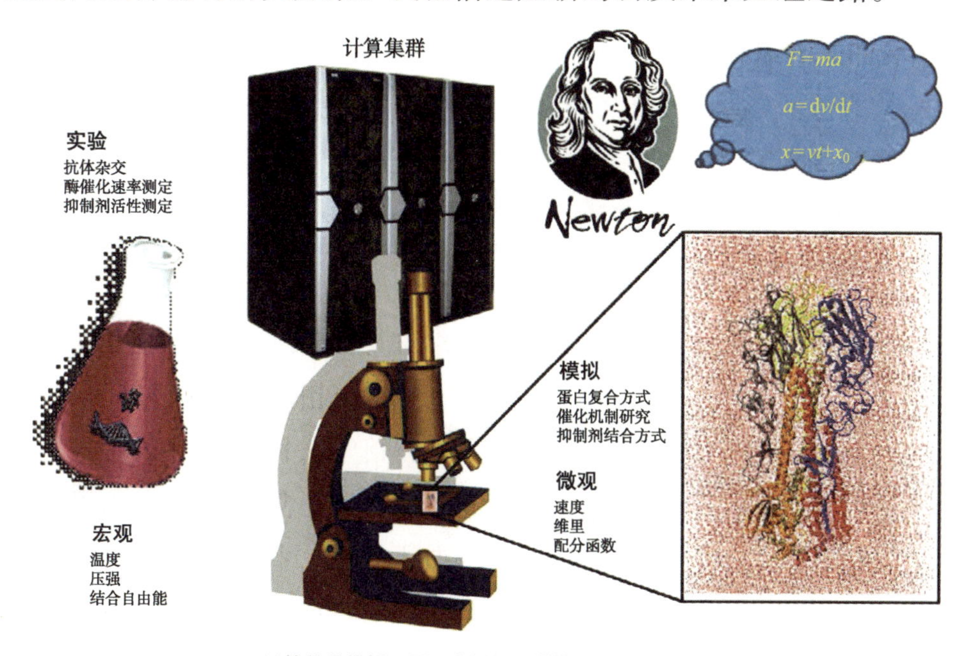

计算化学模拟：原子水平的显微镜

我来谈谈自己在首创新药研发领域的体会。首先，生物学是源泉。如果没有生物学基础研究，没有我们对疾病的分子机制和相关分子靶点的认识与深入理解，是不可能做首创新药的。其次，我们一定要自主研发新的技术、新的方法。花钱买技术是买不到最新最好的技术的，我们必须要重视开发自己的计算方法。过去三年里我们实验室在做非常前期的新药研发课题，在所领导的支持下正在往下游转化，向临床推动，这时候就碰到一个非常严峻的问题——一个科学家到底应该怎么样创业？新药研发风险极大，必须遵循市场规律，这一点也有待投资界人士在这方面进行体制创新。

我们回到生命科学的本质，生物学的研究到了分子层次上，不管是我们的遗传物质 DNA 还是功能物质蛋白质，一切研究都回到了物理的本质。也就是说，对于任何一个生物大分子的体系，与疾病相关的酶、受体等，我们都可以用牛顿力学和量子力学精确描述。生物大分子可以简化成构成分子的原子之间相互作用的模型，我们平时最关心的相互作用能的计算，包括静电相互作用、范德瓦耳斯相互作用能等，都可以用简洁并有物理学意义的数学方程描述。对于一个新的理论体系，新的技术方法的建立需要很长的时间，现阶段计算化学已经发展到相对比较成熟，可以在某些领域广泛应用的阶段。

前面我们说到一个生物学体系可以用原子模型去描述，那对于新药研发，应该怎么介入呢？我们先来看看药物靶点的三维结构。我们知道在国内结构生物学正成为生物学研究里的明星，尤其像获得未来科学大奖的施一公老师，他是结构生物学里的顶尖人物。基于他们解析的这些生物大分子的结构，我们就可以用计算化学方法来虚拟筛选成百万、上千万的小分子化合物，预测它们如何和这些生物靶标结合，预测它们和生物靶标之间的相互作用能是多少，然后挑选作用最佳的进行实验验证。

我们需要强调一下，新药研发其实是一个非常漫长的过程，除了前期的先导化合物的发现，还涉及先导化合物的优化。我们要研究药物代谢动力学、药效学、毒性等，然后还要在人身上做临床试验。我们一定要记住一条，对于小分子化学药物，先导化合物的结构特点很大程度上决定了它以后走的路是坎坷、失败还是顺利。在这个方面，计算化学可以用较低成本寻找到有新颖结构特点的先导化合物，而且这种方式寻找到的先导化合物对于下一步结构优化和成药性都有一定的优势。

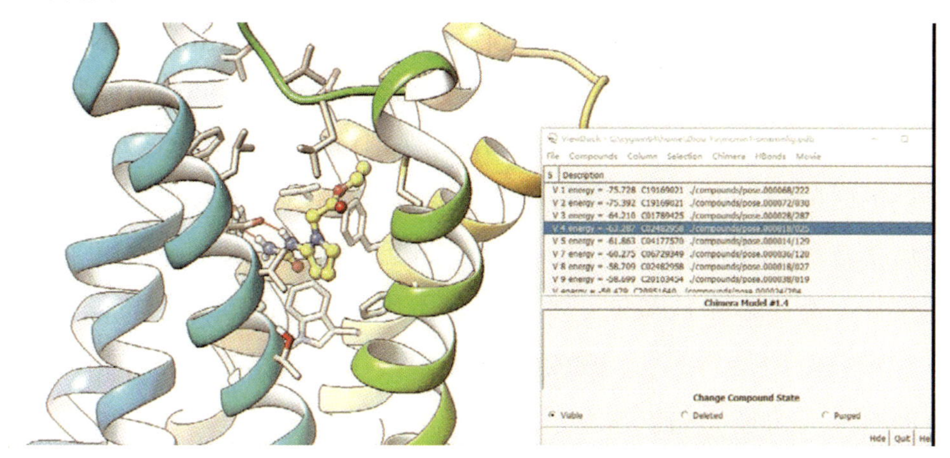

预测的药物靶标-小分子化合物的相互作用模式的作用能量

我们再回到生物医学研究的现状。有多少生物学靶点可以做小分子药物？一般认为是3000—5000个。现在有多少个成功上市的小分子药物的靶点存在？500个左右。换句话说，绝大部分药物靶点至今为止还没有新药研发出来。我们再说另外一个现状，随着现在结构生物学的发展，大量的蛋白质晶体结构被解析，中国现在很多高水平的生物学文章是与解析结构有关的。我们可以举一个例子，目前药物靶标中很重要的家族G蛋白偶联受体，在2006年之前，整整十年只有一个结构被解析；2006年之后开始每年有四个全新结构被解析。这就奠定了我们利用基于受体结构的虚拟筛选，通过计算的方法针对这些药物靶标寻找先导化合物的物质基础。目前中国科学家在结构生物学领域确实已经逐渐成为一个颠覆性的力量，我们可以更进一步挖掘这些宝藏。

过去十几年我的研究，包括做博士后的时候，一直是开发计算方法，能够最好、最快、最精准地预测出来同药物靶点结合的小分子化合物。我们一直在发展的计算平台技术，叫做逐级虚拟筛选。小分子药物和其靶标的结合，在物理学上其实是一个非常复杂的过程，很难用一个简单的数理模型精确描述。我们做的事就是把这种复杂物理过程分解为不同的、连续的步骤，每一步骤着重于描述某些方面的物理相互作用。就像淘金一样，我们刚开始把石头扔掉，再把沙子淘掉，得到金沙，再进一步熔化和提炼出来。利用我们的方法，可以在几个星期的时间,针对某个药物靶点完成几百万个化合物的计算筛选工作,然后挑选出几十个化合物，在实验室进行验证。这样一来，即使是我们这样只有十多个成员的小实验室，不用花费很多的科研经费，就可以针对一系列全新的药物靶点进行多项首创型药物的研发,颇有收获。下面我举一个例子给大家介绍一下。

回到一个很多人都关心的问题，尤其是很多女士关心的问题——肥胖。肥胖作为一种代谢性的疾病，机制其实是非常复杂的。大家都想想，民以食为天，自古以来，我们活着最重要的一件事就是要找吃的，要吃饱。但是在现在工业化的社会环境下，肥胖逐渐成为社会问题，尤其在欧美国家。

肥胖会伴随各种相关的疾病，尤其是 2 型糖尿病。现在这个恶化趋势在中国越来越显著,但是肥胖到目前为止没有什么好的治疗药物。近些年来在代谢类疾病尤其是肥胖领域的科学研究，带来了一些突破性的认识。肥胖究竟是因为我们太懒了？我们去麦当劳吃油炸食品太多了？还是由我们自身的基因决定？目前越来越多科学研究认为，环境肯定是有影响的，但另一方面，相当比例的肥胖是基因决定的，尤其同我们表观遗传密切相关。2007 年通过全基因组扫描大规模的测序，总共测了几十万人，包括各种人种，都发现肥胖同一个基因密切相关，这个基因就是 FTO，俗称肥胖基因。这几年来在研究 FTO 的功能和疾病之间的关系方面发表了大量的文章。大家现在知道，它的生化功能是 mRNA 的去甲基化，但 FTO 与肥胖究竟是怎么相关的？分子机制一直不清楚，据我所知一些制药公司几年前在这方面有所投入，但因为不清楚 FTO 究竟如何影响了机体的代谢，这些项目也进展不大。

我们通过基于 FTO 晶体结构的虚拟筛选，发现了 FTO 的小分子抑制剂，一方面作为减肥的新药候选物在临床前开发，另一方面我们可以用这种化学小分子抑制剂来研究 FTO 在体内究竟是如何发挥功能的。我们给小鼠或大鼠口服小分子抑制剂，看究竟是哪些基因的 mRNA 上有甲基化程度的变化，从而找到 FTO 的直接下游底物和其介导的分子通路。这方面的基础研究和药物研发是融为一体的。可以看一下我们的 FTO 抑制剂在小鼠模型上的表现，对于肥胖小鼠，一直给它高脂饲料，对应人极端肥胖的情况，一旦你开始给予 FTO 抑制剂治疗，我们几个星期后就看到小鼠体重有 15%—20% 的降低。体重的降低究竟是构成体重的哪种组分降低了？其实是脂肪含量。我们看到 FTO 抑制剂能调控小鼠的基础代谢，我们用红外相机测量小鼠的体温分布，发现明显的白色脂肪褐色化，带来的好处是不仅能消耗掉多余的能量，而且可以降低高血糖水平，对于 2 型糖尿病治疗也有较好的疗效。我们在小鼠肥胖模型和糖尿病模型上都测试了 FTO 抑制剂的治疗活性。这一类小分子抑制剂，我们希望能在全世界最先推入临床，做成肥胖相关代谢类疾病的治疗新药。

因为我是技术出身，所以跟大家分享一下我对新技术发展路径的一个理解，基本上所有新技术都要有这样的一条必经之路。用我们计算化学领域的发展举例，20 世纪 80 年代初的时候，计算机设计药物分子的浪潮掀起；但到了 90 年代，伴随着高通量筛选、组合化学等技术的发展和制药企业在这方面的大量投入等，计算化学在新药研发方面进入了一个低谷。但近年来，计算能力的迅猛提高和新的算法的发展，包括像 GPU 计算等新技术的发展，对计算化学领域的发展有较大的推进作用，有望进入良性循环。在中国，我们都知道“天河二号”，有好几年在全世界超级计算机中都是排名第一，一年前被我国另外一台超级计算机“神威·太湖之光”超越，我们在那边申请计算资源支持我们的研究。现在我们这个领域培养的学生越来越多进入新药研发领域，计算化学在新药研发的应用这条路会走得越来越宽广。

我们今天的主题是创新创业。虽然我在创业上完全是新手，而且是刚刚开始，但我对我的创业之路做一些简单的分享，可能对在座某些有想法的科学家下一步怎么样创业有一点提示作用。

三年前我创办了一家新药研发公司——瑞璞鑫。公司坐落于苏州生物医药产业园，有一个 VC 天使轮的资金投入，并且有苏州园区和江苏省人才计划等政策的支持，如实验室三年免费等。这个公司当时的理念是非常超前的，把我们实验室的创新性研究成果在苏州进行转化。我就大胆地把我以前毕业的学生们召唤回来，有去美国做博士后的，也有在国内公司做了几年研发的，他们都在自己小领域小有名气。实验室出来的这些学生，一是研发能力很强，另外真的是朝气蓬勃，需要的时候他们可以加班完成工作。在苏州园区，他们把公司打理得井井有条，很多公司的事务都由他们负责，我非常高兴能培养出这样的学生。

瑞璞鑫的商业模式，是我们在北京生命科学研究所做最前沿的科学研究，有转化潜质的我们就申请全球专利，这个专利就是我们的商业价值，然后把专利使用权转让到我们公司，去做进一步的开发类型的工作。瑞璞鑫只保留核心的研发，如分子设计、结构生物学和活性测试，其他的相对常规的工作，如化合物合成、药效、药代、毒理、CMC、临床研究等，都交给专业的、口碑好的外包服务公司去做。我们在过去两三年也与相关领域的临床医生建立起了非常好的合作关系，这样我们就逐渐建立了非常好的团队和研发的套路。在我们这样一个小小的公司，只有五个全职的人，但我们目前推进的全新首创研发项目有 4 个，包括 FTO 的抑制剂。另外一个现在已经做到非常后期的治疗肠易激综合征的药物候选物，是我们通过计算的方法，仅仅合成了 10 个新化合物，就做到现在的程度。还有另外两个在公司完全独立研发的课题，现在也在往前推进。

从国外回到北生所（北京生命科学研究所）将近十年的时间，从第一次听到细胞凋亡这个专业术语，到同生物研究各个领域的专家们每天在一起工作、讨论，确实使我对科学的认识和理解开阔了非常多。某种意义上北生所是一个科研的世外桃源，给予了我们完全自由探索的权利和责任，非常感谢所里所有人的支持。我们课题组做理论方法研究，做新药创制，离不开组里学生、博士后、技术人员这么多年辛勤的奉献。在北生所我们有非常好的辅助中心，这些辅助中心尽心尽职地帮我们做了很多的实验。在过去这些年里，同所内外多个实验室也建立了非常密切的合作关系，这推动了我们在首创新药研发方面能够占据生物学的制高点，在 FTO 课题的研发方面尤为如此。这些年来，我也深深体会到了我们国家超级计算中心硬件能力的迅猛发展，从超级计算的硬件能力来讲，足以支持我们做出优秀的应用工作。

谢谢大家！

黄　牛

理解未来第 32 期

2017 年 9 月 19 日

第五篇

基因编辑

众所周知，绝大多数生命类型的遗传物质是脱氧核糖核酸（DNA），特定 DNA 序列形成基因，基因及其调控元件则构成了基因组，基因组 DNA 序列的差异决定了“种瓜得瓜，种豆得豆”。可以说，人一生下来，未来是胖是瘦，是高是矮，是单眼皮还是双眼皮，有多大可能患上高血压、心脏病……基因序列都起到了很大的作用。同时，重要基因的突变会导致很多遗传疾病。近年来，一项能够定点精确修改 DNA 序列的技术让人们看到了希望，这就是基因编辑。基因编辑技术的问世，意味着人类或许可以从此摆脱先天的缺陷，改写自己生命的蓝图。

王皓毅

中国科学院动物研究所基因工程技术研究组组长
“青年千人计划”入选者
未来论坛青年理事

1979 年 10 月出生于河北省，博士，研究员，中国科学院动物研究所基因工程技术研究组组长。“青年千人计划”入选者。2009 年于美国华盛顿大学获得分子细胞生物学博士学位。2009—2014 年在麻省理工学院 Whitehead 研究所 Rudolf Jaenisch 实验室进行博士后研究，从事特异性定点核酸酶在全能性干细胞和小鼠中的基因工程技术开发。2014 年 5 月加入中国科学院动物研究所，担任基因工程技术研究组组长。主要研究方向为基因工程技术和表观遗传修饰技术的开发和应用。在近年研究中取得多项成果，包括率先利用 TALEN 系统对于人类胚胎干细胞和诱导性干细胞进行了精确高效的基因编辑；利用 TALEN 系统建立了世界上第一只 Y 染色体上的基因敲除和敲入小鼠；率先利用 CRISPR-Cas9 系统建立了一步获得多基因敲除细胞和小鼠的方法，及一步获得原位基因敲入和条件性敲除小鼠的方法；建立人类 naive 胚胎干细胞培养条件；基于 CRISPR-Cas9 系统建立原位基因表达调控技术 CRISPR-on 和 Casillio 系统；首次利用电转的方法，将 CRISPR-Cas9 系统导入小鼠受精卵，并产生有特定基因突变的小鼠模型；在 CAR-T 细胞中实现多基因编辑等。相关研究成果发表在 *Cell*、*Nature Biotechnology*、*Genome Research*、*Cell Research*、*Genetics* 等杂志上，并获得科学同行的极大关注和科学媒体的广泛报道，于 2013 年被著名科学网站 Genomeweb 评选为全世界二十名最值得关注的青年科学家之一。已发表 SCI 学术论文 28 篇，其中（共同）第一作者和通信作者文章 19 篇，总引用次数已超过 4000 次。回国后已获得国家自然科学基金面上项目以及中国科学院“干细胞与再生医学研究”先导专项资助，并作为课题负责人领导 863 课题研究，致力于建立利用基因编辑技术治疗遗传疾病的新方法。

基因编辑
——改写生命的蓝图

我是王皓毅，来自中国科学院动物研究所干细胞与生殖生物学国家重点实验室。我在美国学习工作很多年，2014 年回到北京，回到中国科学院，建立我自己的研究组。与之前讲座的大咖相比，我是一个新人，但作为新人同样有责任把我们了解到的知识向社会进行普及。我回国几年有个感觉，除了科学知识，我们的社会更需要科学精神，希望与大家共勉，都成为更有科学精神，更有独立思考能力、判断能力的科学中国人。

我今天要讲的是基因编辑——改写生命的蓝图。基因编辑是指能够对于目标基因或基因组位点进行编辑，实现对特定 DNA 片段的敲除、修改或定点整合新的 DNA 片段。以上是我自己想的中文定义，不一定准确，同行如果有不同观点可以提出来。可能很多人都不太清楚 DNA 和基因、基因组、染色体有什么关系，要弄清楚基因编辑，我们首先要了解什么是基因，基因怎么起作用，什么是基因编辑，基因编辑有哪些技术、方法，基因编辑能达到什么效果，然后才能理解基因编辑和我们的生活有什么关系。

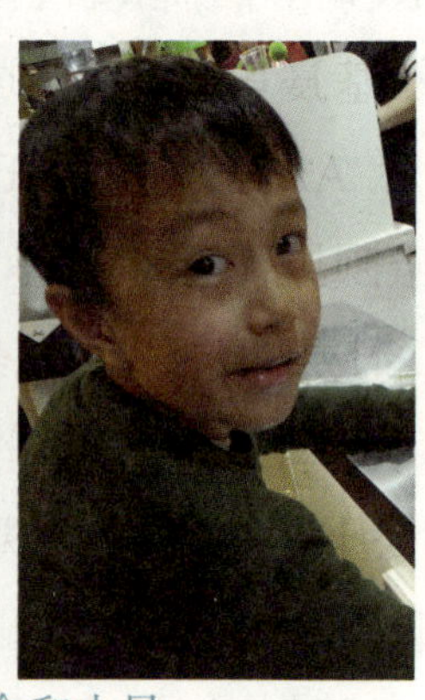

图1 小余和小异

讲什么是基因之前，我非常骄傲地展示一下我最伟大的成果——我的女儿和儿子，请看照片（图 1）。放他们的照片，除了炫耀他们的高颜值以外，主要是为了显示基因的强大力量，相同父母的两个孩子，虽然是一个男孩，一个女孩，但大家一眼就能看出来他们是兄妹。你和你的兄弟姐妹很像，同一个人种有更相似的基因，所以长得更类似一些。我们跟老鼠非常不一样，因为大量基因不一样。基因到底是什么，什么决定我们长得是否一样？很多人可能说不出来。小余和小异的另外一个共同点就是他们都喜欢同一个玩具——乐高。你打开一盒乐高，除了花花绿绿的塑料块，里面还有一个很重要的东西就是说明书。说明书的封面会告诉你这个东西最终能拼成什么；说明书的内页会给你一个很详细的步骤，告诉你哪块以什么顺序与哪块拼在一起；最后还有一个清单，里面展示了所有塑料块的类型，一共有多少种，每种有多少块。有了这些，我们就知道怎么把小的元件构建成完整的东西。更有趣的是，同样是这些塑料块，换一个说明书就能拼成另外一个样子。其实，人与很多生物也和乐高很像，我们都是由最基本的单元即细胞组成的，细胞就像这个小塑料块，人有 30 万亿—60 万亿的细胞，是一个非常复杂的系统。粗略分一下的话，人体有 200 多种不同的细胞，图 2 只是显示了几种不同的细胞。从图 2 可以看到，除了红细胞以外，其他细胞都有一个共同点。这些细胞都有一个圆圆的核，就是细胞核。细胞核外面的就叫细胞质，就是细胞的物质。细胞核很重要，如果把这个细胞核用颜料染了，会发现细胞核里装的是图 3 所示这些东西，很神奇。

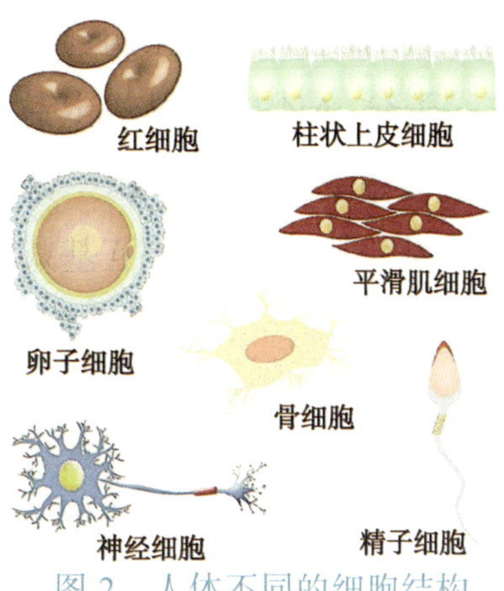

图 2　人体不同的细胞结构

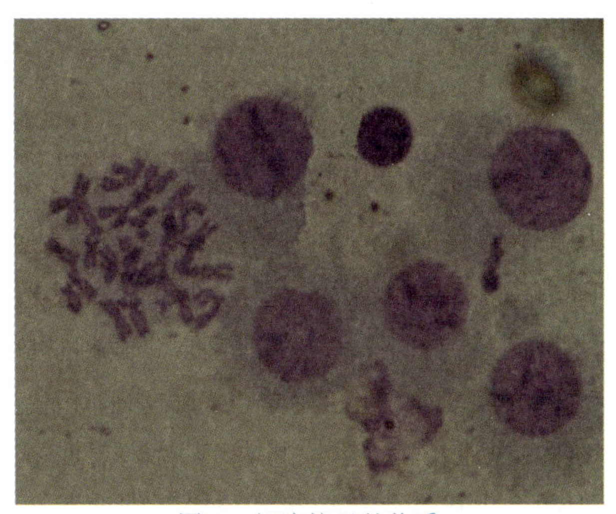
图 3　细胞核里的物质

我们身体里每一个细胞几乎都有细胞核，细胞核里装的都是这么一堆像小虫子一样的东西，这就是染色体。因为它们可以被碱性染料染出颜色来，所以我们叫它染色体。

人体有 46 条染色体，有 23 对，有一半来自于父亲，另一半来自于母亲。图 4 很明显是一个男性，有一条 X 染色体，一条 Y 染色体，如果是女性就是两条 X 染色体。

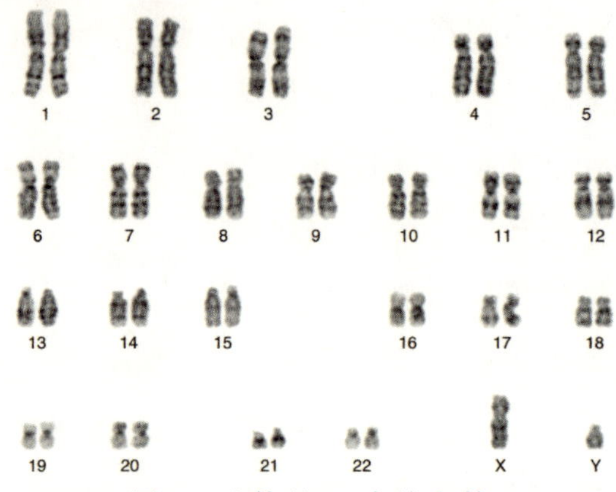

图 4　人体的 46 条染色体

有些人得了遗传疾病，就会检查一下核型，看 46 条染色体是否都是完整存在的，如果发生染色体缺失的话，就会造成很严重的遗传疾病。

染色体是干什么的呢？你可以把它想象成一个毛线球（图 5），先拆成毛线，再拆成粗纤维，最后拆成细纤维，一层一层解开，染色体到最后就主要是一个分子结构，就是大家都很熟悉的 DNA 双螺旋结构。这个 DNA 的形象是深入人心的，是一个大分子，而且是像链状的大分子。

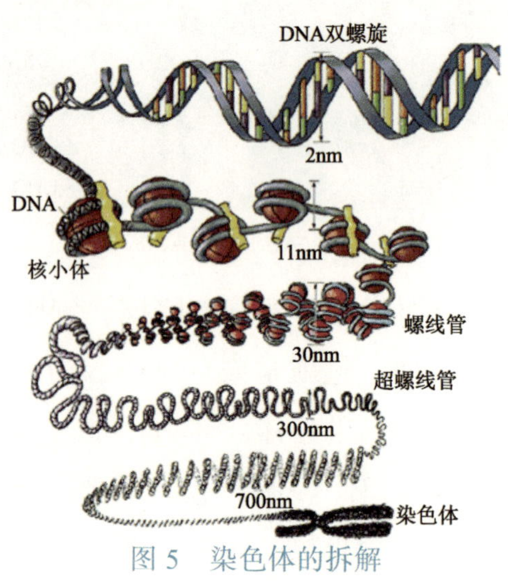

图 5　染色体的拆解

DNA 是什么呢？它是一个螺旋状的双链结构。链的骨架上的细节我们先不管，先来看链的侧面有一个个不同颜色的基团（图 6），我们叫做碱基。

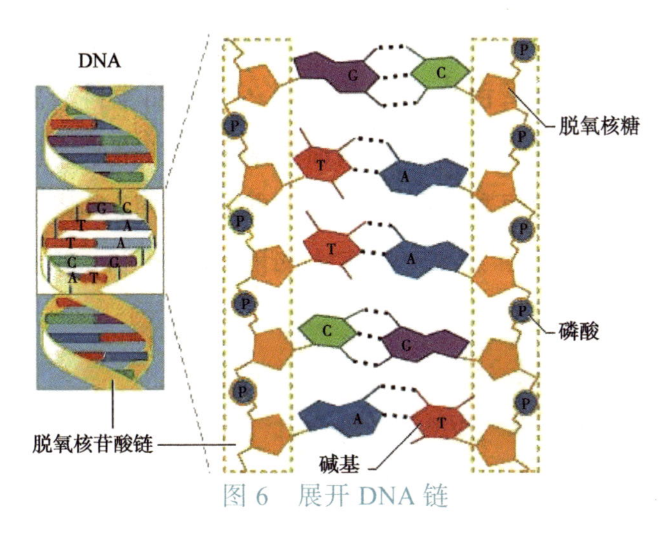

图 6　展开 DNA 链

这四种碱基分别用 A、T、G、C 来表示。这几个基团相互之间有配对的关系，A 和 T 配对，C 和 G 配对，经过配对之后就形成了双链结构。又因化学稳定的倾向性，最终形成这么一个双螺旋结构，这就是 DNA。现在有这些字母，又有这么一条线性分子，我们就可以把信息记录在里面。字母的不同排列就是信息（图 7）。

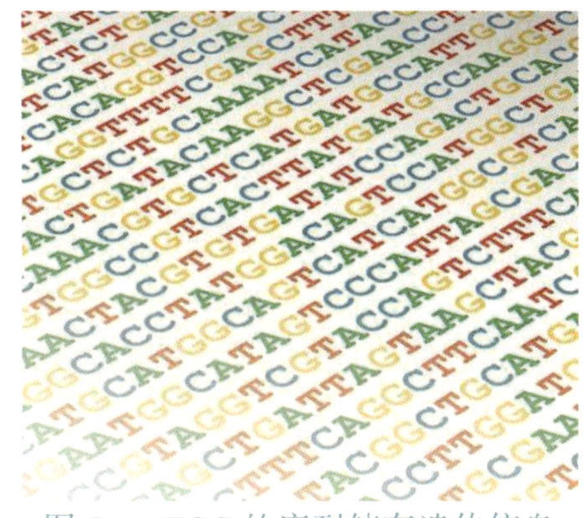
图 7　ATGC 的序列储存遗传信息

DNA 是具有双螺旋结构的生物大分子，DNA 上面的 ATGC 的序列储存了我们的遗传信息，DNA 分子经过缠绕，与蛋白质共同形成染色体，染色体储存在细胞核里。除了成熟红细胞，每一个细胞都有一个细胞核，每个细胞核里都装着完整的 46 条染色体，46 条染色体上带的都是我们的 DNA 序列。这个序列有多长呢？它有 30 亿个碱基对，就是30亿个字母，只不过不同的DNA序列的字母排列顺序不同。我们在实验室电脑输出端看到的就是这些不同字母的组合，非常神奇，就好像你能看到这个染色体，它变成了一本书摆在你面前了。不过这本书是“天书”，是 “密文”，你还是不知道它到底讲了什么，起了什么作用，这时候我们需要解开这个“密文”的“密钥”。

第一步，DNA本身主要功能就是信息承载的工具，就是一个载体，就是一本书。比如说，我给你一本书，这本书的内容就是让你去完成一个任务，但书本身不会执行任务，所以需要有一个人去读取这个信息。在细胞核里，这个“人”就叫做RNA聚合酶（图8），它是一个蛋白，在DNA上面可以把双螺旋打开，像一只手一样把两个链分开，分开之后单链就露出来，然后它就会以单链序列为模板把信息抄写到另一个分子——RNA分子上。RNA分子结构和DNA很像，也是四个碱基，即AUGC，A对U，G对C，也就是说根据碱基配对，把DNA序列原封不动地拷贝到RNA分子上，这个过程叫做转录。

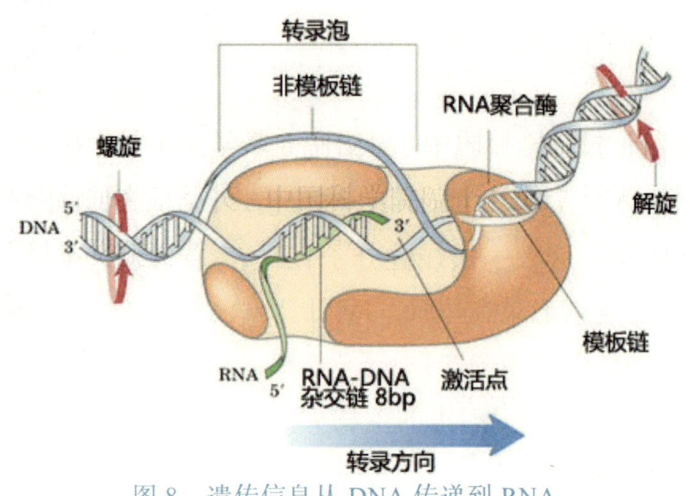

图8　遗传信息从DNA传递到RNA

单链RNA分子形成以后，就会被从细胞核运到细胞质里去。之后更神奇了，有一个巨大的分子机器叫做核糖体（图9），就会结合到上面去。这里就像一个组装机器的流水线，它会识别 RNA 上面的序列，组装不同的氨基酸。它会利用一种小的有特定结构的 RNA 分子——tRNA 分子，tRNA 分子一端是三个碱基，另一端带的是氨基酸。三个碱基可以对应 RNA 模板上的碱基，按照碱基互补配对原则，相互结合起来。

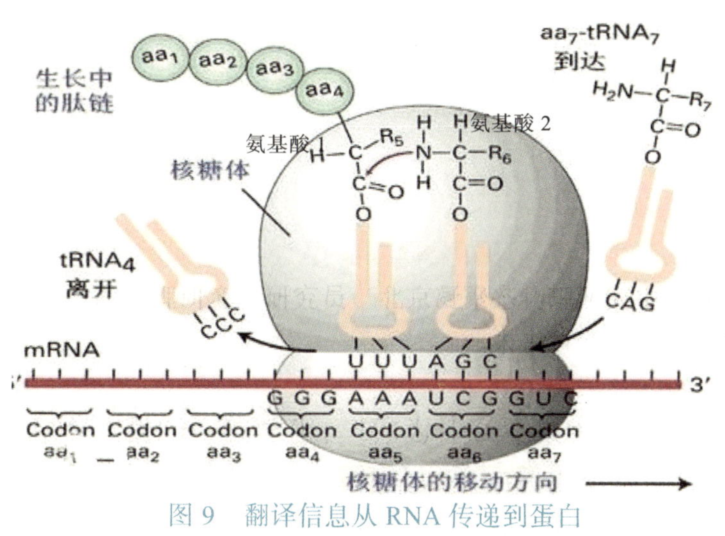

图 9 翻译信息从 RNA 传递到蛋白

另一端的氨基酸，是构成蛋白的基本元件，就好像 DNA 有 4 种碱基一样，常见氨基酸有 20 种。每个氨基酸对应三个碱基序列，比如说，图 9 中 UUU 的时候就带氨基酸 1 下来；如果是 AGC，就带一个氨基酸 2 过来。这意味着你可以把写在 RNA 上面的四个字母组成的信息转变成氨基酸序列，这个生产线过完之后就会形成一长串的氨基酸链，这个链经过折叠就变成了蛋白。蛋白是大多数生命的细胞里最主要的活性大分子，所以蛋白的组成在很大程度上决定了你的细胞是什么样子，每个物种是什么样子。

再说一下翻译这件事(图 10)，一开始识别的三个字母是 AUG，对应的 DNA 编码链序列是 ATG，这个是起始基因的开头密码子，大部分基因开头的第一个密码都是 ATG，一旦看到 ATG 细胞就知道这是一个蛋白的开头，完成配对后，核糖体就来了，一个氨基酸也来了。

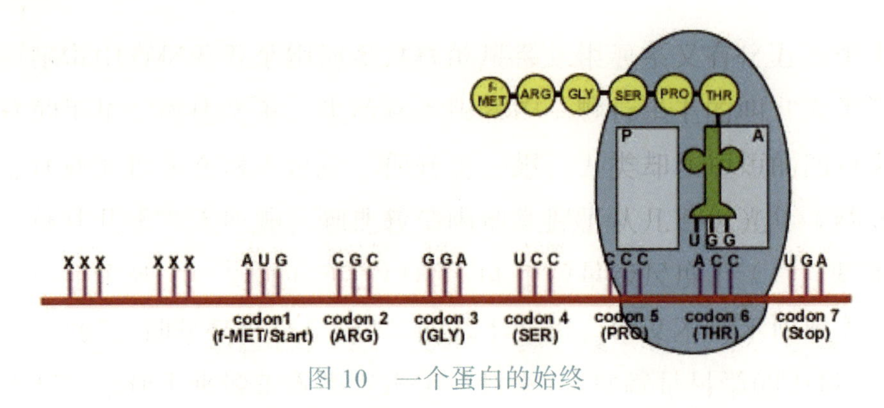

图 10 一个蛋白的始终

后面每 3 个字母都是一个密码子（codon），都会加一个不同的氨基酸，到了最后就形成一长串氨基酸。什么时候停止呢？当它看到另外 3 个字母——TGA，还有 TAA 和 TAG，遇到这三种字母组合就要停止了。所有的氨基酸按这个规则连在一起就形成了一个特定蛋白。狭义地讲，DNA 是一个信息的载体，从 ATG 开始到 TGA 结束，它编码了一个蛋白序列信息，这段序列信息就是基因。现在我们知道每三个 DNA 碱基序列决定要装一个什么样的氨基酸，图 11 就是一个密码子表，就是我们生命的密码，非常神奇。有了这个密码子表之后就知道到底这段 DNA 序列指导什么样的蛋白产生。

First letter	Second letter U	Second letter C	Second letter A	Second letter G	Third letter
U	UUU Phe	UCU Ser	UAU Tyr	UGU Cys	U
	UUC Phe	UCC Ser	UAC Tyr	UGC Cys	C
	UUA Leu	UCA Ser	UAA Stop	UGA Stop	A
	UUG Leu	UCG Ser	UAG Stop	UGG Trp	G
C	CUU Leu	CCU Pro	CAU His	CGU Arg	U
	CUC Leu	CCC Pro	CAC His	CGC Arg	C
	CUA Leu	CCA Pro	CAA Gln	CGA Arg	A
	CUG Leu	CCG Pro	CAG Gln	CGG Arg	G
A	AUU Ile	ACU Thr	AAU Asn	AGU Ser	U
	AUC Ile	ACC Thr	AAC Asn	AGC Ser	C
	AUA Ile	ACA Thr	AAA Lys	AGA Arg	A
	AUG Met	ACG Thr	AAG Lys	AGG Arg	G
G	GUU Val	GCU Ala	GAU Asp	GGU Gly	U
	GUC Val	GCC Ala	GAC Asp	GGC Gly	C
	GUA Val	GCA Ala	GAA Glu	GGA Gly	A
	GUG Val	GCG Ala	GAG Glu	GGG Gly	G

（a）

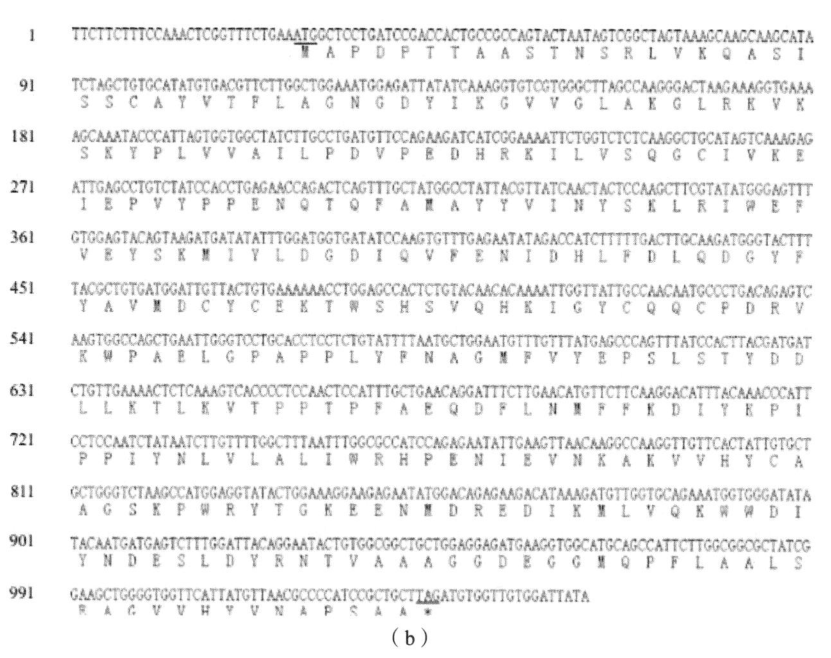

（b）

图 11　生命的密码子

在实验室里我们看到一段 DNA 序列就能找到哪儿是开头，比如我们可以从图 11（b）中找到 ATG，从这儿开始产生蛋白，对应第 1 个氨基酸，后面每一个字母代表不同的氨基酸，到终止密码 TAA 结束，中间就是一个蛋白。我们还能得到这个蛋白的氨基酸序列，就可以解读这个“天书”了。

为什么我们要用 3 个碱基序列决定 1 个氨基酸？为什么不用 2 个、4 个、5 个呢？如果是 4 个字母 3 个位置，就有 4^3（64）种组合，用 2 个碱基不够编码 20 个氨基酸，用 4 个碱基组合就过多了。如图 11（a）所示，有一些组合是编码同一个氨基酸的，还有一些是标记开始和结束的，最后正好组成 20 个不重复的氨基酸。这套密码子用最简单的逻辑编码了最复杂的系统。

大家如果感兴趣，可以去一个网站 UCSC Genome Browser，上面能查到我们所有测序过的物种的基因组序列。基因在染色体上并非是紧密排列的，基因与基因之间有很多空隙，这对基因调控是有很多重要作用的，当然有些作用也是我们不了解的，也是大家正在或者未来要去研究的很有趣的科学问题。所有 DNA 序列信息在所有染色体上的组合叫做基因组，即所有基因的组合。

现代生物学最重要的一个原理就是中心法则（图 12）：DNA 承载的基因信息，通过转录把这个信息抄写到 mRNA，mRNA 通过翻译过程形成了蛋白质。图 12 上“基因”外面还有一个圆圈的意思是基因可以复制，当细胞分裂的时候，细胞核也要分裂，基因组也要分裂，每次分裂之前它的 DNA 一定要复制一遍。双链结构很方便复制，两条链打开之后，以一条单链作为模板合成另外一条链，AT 和 GC 配对是固定的，合成的链和母链是一模一样的，这是非常聪明的策略。

DNA(基因) ⇄ 转录 / 逆转录 mRNA → 翻译 蛋白质（性状）

图 12 生命的中心法则

我们现在来讲一下，早期胚胎发育。图 13 是小鼠胚胎，图（a）是精卵结合，从图上看还没有融合在一起，等到一定时间两个核融合到一起后，开始分裂，然后二细胞[图 13（b）]、四细胞、八细胞、桑椹胚、囊胚，囊胚就要着床到子宫里，外面细胞和母体组织一起形成胎盘，里面小团细胞形成了胚胎，将来就会发育成一只老鼠。每一个细胞都来源于一开始的一个细胞，即精卵结合的那一个细胞，在这个细胞不断分裂过程中，每次分裂都会复制一次它的基因组，而且要非常完美地复制一遍分到两个子细胞里。

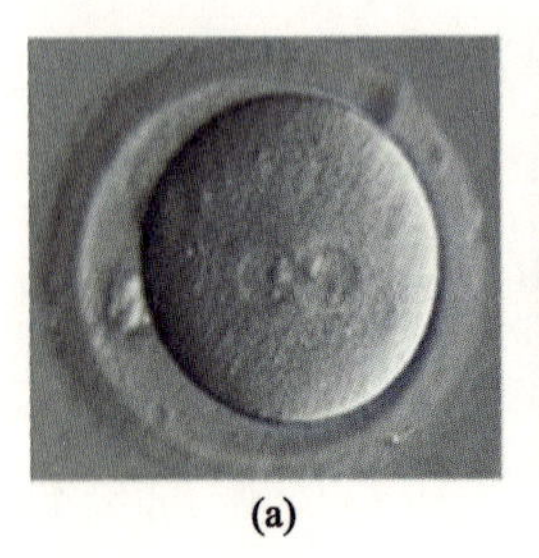

(a)

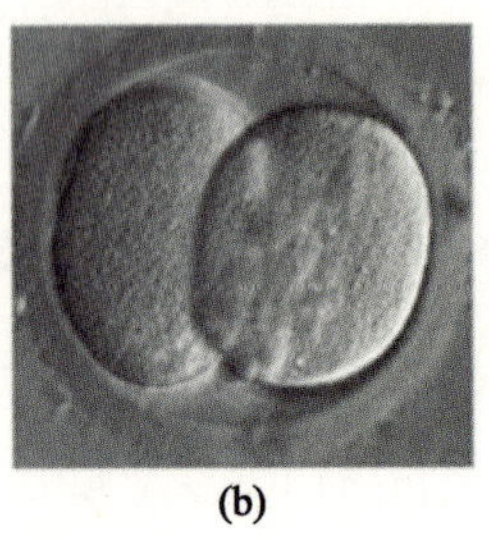

(b)

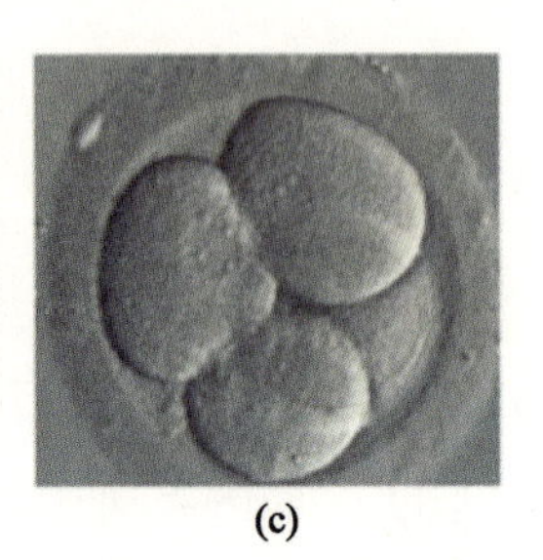

(c)

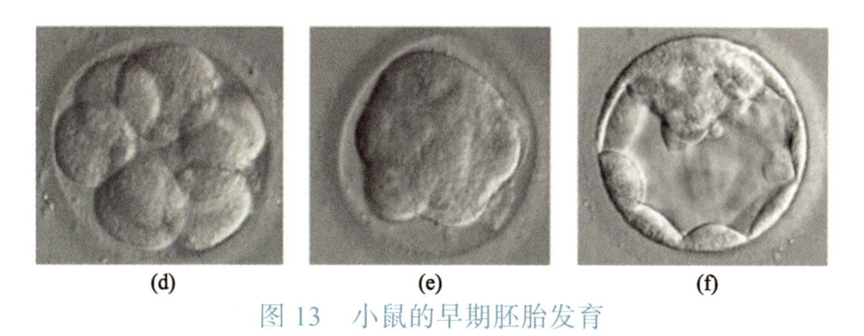

图 13　小鼠的早期胚胎发育

我们已经了解了什么是基因，什么是染色体，基因功能是怎么作用的，然后就可以讲基因编辑了。对基因进行编辑，意味着对特定的DNA片段进行敲除、修改或定点整合新的DNA片段。这就是说，如果改变DNA的信息，那它产生的RNA序列就会变，产生的蛋白就会变，那么这个物种很多的性状就会改变，所以DNA是我们生命里最根本的信息，而我们现在有能力改变这个最根本的信息，这就是我们为什么要做基因编辑。目前有三类比较重要的技术，一类叫做锌指核酸酶（zinc finger nuclease，ZFN），一类叫做TALE核酸酶（transcription activator-like effector nuclease），这两类酶的特点跟剪刀一样，分两半，一部分有蛋白，ZF蛋白或者TALE蛋白，它可以结合到基因序列里（图14）。经过很多科学家研究，现在我们可以设计特定的蛋白去结合到特定的ATGC序列上。一旦结合上去之后，就相当于用一个蛋白功能基团把一个DNA链从中间分开，这就是一个分子剪刀。

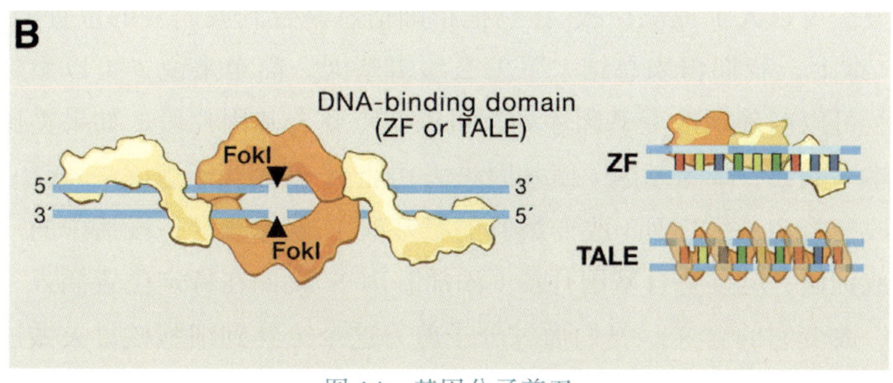

图 14　基因分子剪刀

第三类是现在这个领域最热门的 CRISPR 系统，它像一个手里面攥着一个小的 RNA 分子， RNA 和 DNA 可以互补配对（用的都是碱基互补配对原则），一旦看到手里的 RNA 和目标 DNA 是完美配对的，就过去切一刀。它的导向不是由蛋白结合 DNA，而是由蛋白带着 RNA，由 RNA 识别到底要到哪儿去切。它相对来说更简便易用，功能更强大，而且理论上 30 亿个碱基对的基因组，想去哪里就可以去哪里，所以被越来越多的科学家应用到实际工作中。

这个 DNA 被切断以后会发生什么呢？细胞必须把它重新连起来，否则的话这个细胞就得死掉。它要继续分裂，就必须保证有完整的 DNA，所以它会通过两条路径修复这个切口。一种方法就是直接把这个断口抹平了，然后直接连在一起，这个过程中有时候会造成错误，有时候多加了几个碱基，有时候少加了碱基，这就成为破坏基因的一种方法。为什么加减一个碱基就能破坏基因呢？因为基因碱基排序是有规律的，是每三个碱基一组的，如果中间插一个碱基，每三个碱基的结合就不一样了，后面就全乱套了，所以原本可能没有“停止”的信号，由于插入一个碱基很快有“停止”的信号，这个蛋白就没有了，这是非常有趣的现象。另外一种方法，如果发生断口之后，在附近有一个另外 DNA 分子和它的序列很接近的话，它就会用这段 DNA 作为一个模板把这个信息拷贝到断口的地方结合起来，叫同源重组。用这个方法可以人工提供模板，让它把精确信息整合到我们要的位置上去。

综上，我们再来总结一下怎么编辑基因。简单来说，可以敲除基因，可以精确地改变基因序列，可以定点整合基因片段。如果类比成一本书的话，敲除基因（使基因失去功能），就相当于删除一段话；精确改变特定基因序列（改变编码的氨基酸），就像改变一段话中的一个字或词语；定点整合基因片段（添加基因）：就像在特定位置插入一段话，改变它的含义。我们通过分子剪刀这个工具到细胞核里去做这种精确的修改，那它跟我们的生活有什么关系呢？最常见的应用有三个方面：推动生物学研究，开发新型生物技术，治疗疾病。当然不只这三个方面，真的要讲应用，可以说是无边无际，层出不穷。

在生物学研究上，我们可以利用这个来改造一个细胞或者一个物种的基因，了解某个基因的功能。在生物技术上，可以改造农作物、畜牧业、微生物，让它们更好地为我们的生活生产服务。在人身上，最大的应用就是疾病的治疗。下面我们展开来讲一讲。

生物学研究

（1）研究基因功能。构建动物细胞模型主要对于我们理解基因功能起作用，也就是说我们现在有了这本“书”，也能读出来这些基因都是什么，但我们仍然不知道某个基因某个蛋白的功能是什么。一个最简单的方法是，如果把这个基因破坏掉，看一下这个细胞有什么变化。如果把这个基因破坏掉，这个细胞就不长了，那么我们就知道这个基因编码的蛋白跟生长有关系；如果一破坏掉它就不分裂了，那么我们就知道这个基因编码的蛋白跟细胞分裂是有关系的。这就是遗传学中的很重要的一个研究方法，叫做反向遗传学。我有一个感兴趣的基因，然后破坏它或者改造它，再看一下研究的对象有什么变化，这样就可以得到基因的 DNA 序列和性状之间的关联。

（2）建立疾病模型。人类的一些疾病是遗传疾病，某一个基因的缺陷导致了这个疾病。不能直接拿人类来做实验，我们就先在小鼠体内把同样的基因敲除，看看和人类的疾病特征是否一样，如果是一样或者类似的，我们可以用小鼠做疾病研究和药物筛选。如果某种药物对小鼠的病情缓解有帮助，且有一定的安全性，这时就可以进一步去申请临床试验。疾病模型的对象不仅仅是小鼠，还可以是其他动物。很多突变实际上是基因的某一个氨基酸变了，一个碱基变了，要使你的模型能够模拟特定的疾病，你就要有能力精确地把这个碱基找到并改变它。

图 15 是制备动物模型的方法之一：左边的吸管吸的是受精卵（精

卵刚刚结合，有两个原核，一个是父亲的，一个是母亲的），右边有一个很细的针，针里是分子剪刀，把针插到核里，把里面的分子注射到细胞核里，分子剪刀就可以去找到基因组的位点进行切割。

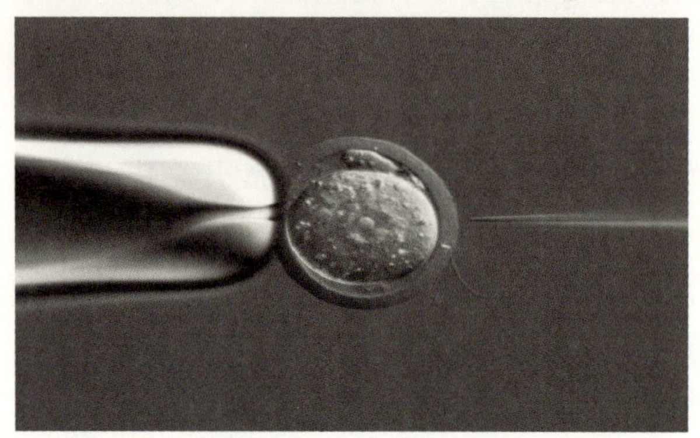

图 15　在受精卵进行基因编辑构建动物模型

一旦在受精卵里做了基因修改，随着受精卵的分裂，最早做的这个改变就会传递到后面所有细胞里，因为 DNA 复制是精确的，只要受精卵加了某种基因，以后这个物种的每个细胞都会加上这种基因，这是非常强大的一个工具。这里举一个例子，我们做的一个工作，比较好玩，所有男性都应该记住一个基因，叫做 *Sry*[图 16（a）]，它在 Y 染色体上面，是决定我们是男性的最重要的基因，一个男性受精卵的这个基因缺失之后，即使有一个 Y 染色体，这个胚胎也会发育成为一个女性。

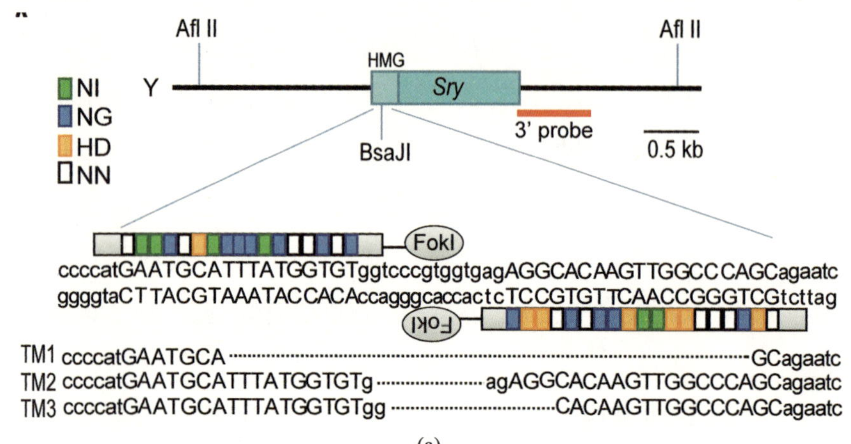

(a)

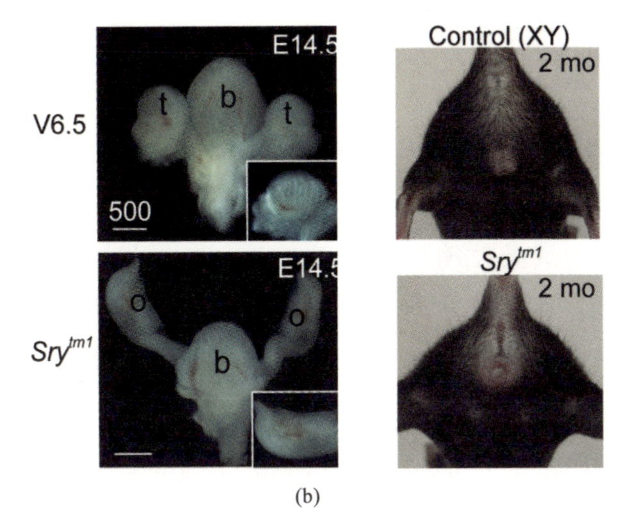

(b)

图 16　构建动物模型

这个基因的序列就是由 ATGC 这四个碱基排列组合而成的，图 16（a）中间的序列可以看到 ATG，就是这个基因的开头，我们用小鼠做实验，在这个基因序列开头的地方切了一刀，部分碱基序列就缺失了，就敲除这么一点点信息，甚至就插入一个碱基，就可以使这个基因完全丧失功能，然后我们就得到一只完美的雌性老鼠。虽然它具有 Y 染色体，但是就是一只雌性的老鼠，不仅器官是雌性的，而且可以怀孕，可以生小鼠。这个基因在成年男性的脑子里也有表达，所以我们还在继续研究，想知道它到底在脑子里起什么作用，是不是决定了男性的特异性行为，这是一个非常有趣的问题。

现在科学家们就用像分子剪刀这样的一系列工具，做了很多研究工作，小鼠、大鼠、雪貂、猪和猴子等，你能想到的动物都适用这个实验。这就极大地拓展了我们研究生物学的空间，并且可以应用到很多生产和生物技术上。

生物技术

我们可以敲除一个基因去攻克动物疾病，也可以敲除一个基因提高作物产量，可以改良品种，提高经济效益。

（1）动物。有很多的疾病是由某些基因介导的，比如畜牧业的一些流行病，它是由某一类病毒引起的，这些病毒只靠自己是无法进入细胞的，一定是要跟宿主（受体）细胞上的蛋白结合才能进去。如果我们知道这个受体，并把动物体内的这个受体敲除，它不表达这种蛋白，那这类病毒失去介质就进不去了，这个动物就永远不会患这个病，从而改良畜种，提高产值。

（2）植物。在小麦、水稻长期的自然育种过程中，人们已经知道当植物是某个基因型的时候，它的产量就是比较高，那这个时候我们就不用再去耗费大量时间采用自然的长期繁育了，可以直接修改基因，把知道的好用的碱基替换上去，马上就可以实现高产了，这在生产上是非常重大的应用。

还有一类生物技术，可以做高通量的基因筛选，发现新的基因功能，北京大学的魏文胜老师在此领域的研究已经达到了国际上领先的水平。现在，如果有一种病毒侵染人类，要想攻克这种病毒，就必须知道它跟什么蛋白结合起作用的，那怎么去发现这个蛋白呢？这时就可以用这个技术，它可以非常方便地把人类所有的基因都敲一遍，看缺失哪一个基因蛋白人的细胞就不再感染这种病毒了。然后就可以发明一些药物，如小分子或大分子药物，去阻断这个蛋白，这个蛋白就是靶点，靶点发现是药物研发最上游、最核心的东西。

还有一个技术叫 Gene Drive（基因驱动），它可以把一段基因放到一个物种的细胞里，比如放到蚊子的身体里，让这个蚊子回到自然界中，它通过交配把这个基因拓展到整个种群，也就是人为地在一个动物基因里加一个新的基因，这个基因会随着繁衍遍布这个物种所有的个体，这个事情就变得非常可怕了。如果在一个物种的细胞放入一个毒素基因，这个毒素基因不至于一下就杀死它，它还可以完成交配，这个毒素就传递下去。又比如放入的这个基因让这个物种全部都变成雌性或者雄性，那这个物种几代就灭绝了。现在已经有科学家试图用这个技术去做蚊子的基因改造，因为蚊子是大多数血液传染病的传播介质，所以有些人希望蚊子整个灭绝。我们能不能这么做，该不该这么做，这是伦理上的问题。虽然由于工业化等各种原因，在人类发展历史上，几乎每天都在造成物种的灭绝，但是我们不是有意的。这个辩白虽然有些苍白，但绝大部分的时候，我们捕杀一些物种的原则是够用就好，并不会想着去杀光它。如果现在你是有意识、系统性地灭绝一个物种，这个概念就不一样了。这个问题值得每个人去想一想，这是一个很严肃的话题。我个人很喜欢科幻题材，推荐大家看两本科幻小说，一个是《安德的游戏》，另一个是《死者代言人》。这两本小说讲的是，当人遇到一个外星生物的时候，因为无法沟通，无法确定对方是高智商生物，在不了解的情况下进行种族灭绝式的互相攻击；但当我们互相了解之后，任何一个有良知的人都不能做出要灭绝一个种族的决定。

我们讲了动物、植物和微生物，现在我们讲讲人类，把那根针插到人的胚胎里做这个事情，会意味着什么呢？

从编辑基因的角度，人类的细胞类型可分为两类，一类是体细胞，另一类是配子细胞和早期胚胎。人身上绝大多数细胞是体细胞，已经分化完成了，不会传到下一代去，比如在表皮细胞中敲除一个基因，皮肤会变白一点，可是下一代该黑还是黑；另一类是配子细胞，男性是精子，女性是卵子，两个结合形成早期的受精卵，这才是唯一会传到下一代的细胞，如果修改了这些细胞序列，后代都会受到影响。

利用基因编辑怎么治疗疾病呢？我们已经很清楚有些疾病是单基因遗传病。地中海贫血是在两广地区高发的疾病，它的突变携带率非常高。如果一对夫妇都携带这个基因突变，他们的孩子极有可能患上地中海贫血。这种遗传病是由于血红蛋白的基因突变。骨髓里有造血干细胞，细胞终生都在进行新陈代谢，每天有大量的红细胞、白细胞死亡和新生，这种更新来源于干细胞。干细胞在骨髓里不断分裂、造血，如果把一个小鼠的单个干细胞拿出来，放到另外一个小鼠的骨髓里，可以重建整个造血系统，一个细胞可以分裂、分化成整个血液系统。这就是为什么治疗血液疾病的时候临床常用的方法就是造血干细胞移植，也就是骨髓移植。配型相同的人提供造血干细胞，移植到血液病患者的骨髓里，让健康的基因产生健康的红细胞。我们也知道临床配型非常难，经常找不到一个合适的供体。如果我们能把自体的造血干细胞提取出来，在体外把突变修改好，再放回去，重建造血系统就可以实现了。这个想法说起来很简单，真正操作起来有很多技术问题需要解决。如果我们明确知道某种细胞类型的某个基因导致某种疾病，就可以针对这个细胞类型的缺陷基因进行特定的修改，让患者恢复到健康的状态。

还有另外一类，不针对特定突变，通过修改基因让某一类重要的治疗细胞的功能增强，我们课题组在这个领域做了一点工作，就是利用 T 细胞。T 细胞是人体免疫里非常重要的一个细胞类型，它可以杀伤肿瘤和很多感染微生物，通过敲除某些基因使 T 细胞功能更强，就可以治疗一系列疾病。

图 17 最上面一行小图是三组老鼠种上肿瘤 30 天左右的样子，这些老鼠的肿瘤长得差不多。然后分别是注入基因编辑的 CAR-T 细胞、普通的 CAR-T 细胞和生理盐水，经过一个月（中间一行）和两个月之后（最下面一行）的发展，可以看到注入普通生理盐水的肿瘤长得很大；注入普通 CAR-T 细胞，肿瘤在一个月之后是变小了，但是两个月之后又变大了，因为 CAR-T 细胞的功能受到了某些抑制；但是注入基因编辑之后的 CAR-T 细胞，肿瘤控制得非常好。这类技术不只是针对肿瘤，对其他的疾病未来也会有一定的应用价值。体细胞的编辑还有其他很多应用，因为时间有限，不再一一叙述。

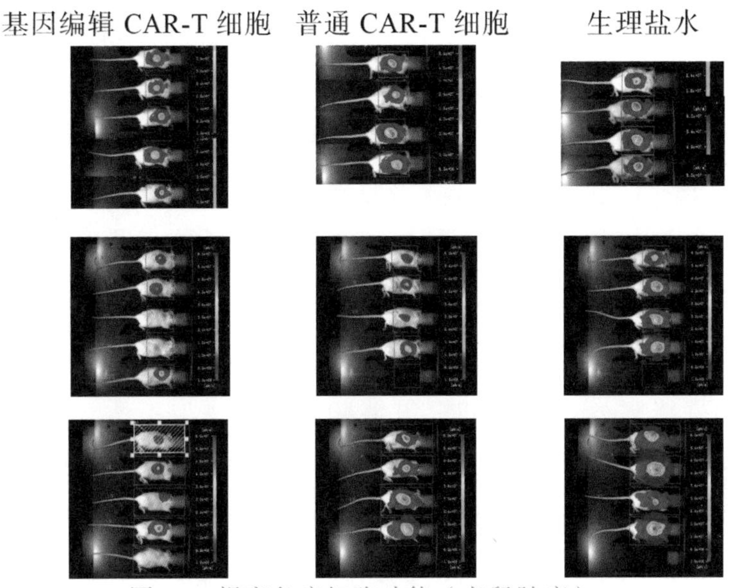

图 17　提高免疫细胞功能（老鼠肿瘤）

现在我们谈一下编辑人类的配子或胚胎。

（1）伦理。2015—2017 年中山大学黄军就、广医三院[①]范勇等团队将基因编辑技术运用于人类胚胎中，这些用于研究的胚胎在编辑后的一周内就被销毁了，没有用于移植，没有产生真正的人，所以在伦理学上目前大家的共识是这个是没有问题的。这些团队实现了在人类的胚胎里观测基因编辑的效果，证明是可以有效编辑人类的基因的。这也意味着如果经过编辑的胚胎被放到一个有生育能力的母体内，就能生出一个人为改变基因的婴儿。这件事情首先涉及一个很严肃的伦理问题：什么时刻开始“它”是一个人？如果从出生这一刻算是的话，再把他/她丢掉或者冻死、饿死就构成故意杀人罪了。你能不能在不征得他/她同意的情况下改变其基因？在不同的信仰、多元文化背景影响下，每个人对上述问题都有自己不同的理解和答案。

（2）技术。如果真正要把基因编辑技术用在人类的配子细胞或者

[①] 广医三院全称是广州医科大学附属第三医院。

胚胎上，其实现在还有很多技术问题没有解决。要用这个技术就需要一个特别明确的原因，比如一个胚胎突变导致无法发育成婴儿，不能正常出生，这时候修改胚胎的基因就有一个相对充分的理由，就是至少给了一个生存的机会。第一，要证明前面所述还需要一定的探讨；第二，要在人的胚胎上操作，就要做到非常精准，也就是效率要非常高，准确率要非常高，而我们都知道没有一个技术能保证百分之百成功，再好的技术都是百分之九十九点几，是有风险的，风险的评估和适应症的选择需要比较长期、审慎的讨论。

（3）法律。你什么时候可以修改他/她的基因？能否在不征得他/她同意的情况下修改其基因？这个界限在哪儿？这也是重要的法律问题。如果是明显的严重的遗传疾病，我们立场容易摆，但如果是智商偏低一点呢，这是不是疾病？智商多低或者说某一类的缺陷到什么程度的时候，我们才可认定它是一种疾病？我们每个人都不是完美的，甚至可以说每个人都是有病的，经过大规模测序发现，每个健康人大概都有 50 个以上的基因是双等位基因突变。一个细胞在分裂这么多次的过程中一定会犯错，有个别的基因会突变掉，每个人都带着五六十个基因的突变活得好好的，不代表这些基因不重要，而是说在另外正常的 3 万个基因的背景下，这 50 个基因丢掉了，不影响你活下来；如果影响的话，我们就活不下来了。随着更多测序研究，我们就知道哪些基因会让人更聪明一些，哪些基因会让人长寿一些，哪些基因会让人的心血管更健康一些，但是这都基于在整本“书”的背景下的解读。每个人的“书”都不一样，每个人的 30 亿个碱基都不一样，虽然很相似，但是每个个体之间有很大差别。在这些复杂的“差别”背景下，我现在有一个基因的差别，是不是在每个人的身上都适用？这是非常难解决的遗传学问题。这 3 万个基因怎么在一起起作用决定一个性状的，这是一个系统，研究这个系统是一个特别大的挑战。

我们现在能够编辑地球上几乎所有生命的蓝图，改写它的“组装说明书”。科学家已经可以从根本上改变某些物种的遗传信息，甚至可以灭绝一个物种，可以系统性地优化一个物种，这是想一想就让人毛骨悚然的力量。在这个基础上，从事科学研究的人、大众以及监管部门要怎样推动和管控？这个责任有两个含义，一是作为科学家不断突破人类知识和技术边界的责任，一定还有更让人震撼的工作要往下做；二是我们怎么确保它不会成为我们人类这个物种将来遗憾的事情？当编辑了一个人的配子，繁衍下去，影响的不只是他/她的下一代，而是整个人类的遗传信息库，这是非常值得深思的问题。

王皓毅

理解未来第26期

2017年4月22日

|对话主持人|

魏文胜 北京大学生命科学学院研究员

|对话嘉宾|

李　伟 中国科学院动物研究所研究员、干细胞与生殖生物学国家重点实验室副主任

王皓毅 中国科学院动物研究所基因工程技术研究组组长、“青年千人计划”入选者、未来论坛青年理事

王晓群 中国科学院生物物理研究所、脑与认知科学国家重点实验室研究员，“青年千人计划”入选者

魏文胜：很高兴有这个机会主持今天的科学对话。皓毅今天野心勃勃，用一个小时时间恨不得给零基础的听众朋友把分子生物学从第一章讲到最后一章。我想换个角度来说一下基因编辑：一个是生命密码的编辑到底是怎么回事，另一个是为什么这个技术很重要。

先说一说我理解的基因组编辑技术，首先生命密码的单位是ATCG，是四进制的。我经常举一个例子，信息科学或者计算机科学是二进制的，大家用的微信、微软或者苹果的操作系统、搜索引擎百度等，背后的编码都是0101。这么简单的二进制可以幻化出非常强大的功能，四进制就更加复杂。我们对基因进行精确的改变，其实就从底层上改变了生命密码的属性，直接表现就是它对应的一个功能径直改变了。从基础生命科学研究的角度来讲，大部分实验室整天干的事情就是找因果关系，什么基因是干什么的，什么样的性状或功能到底由哪些基因或者基因组合控制的。同样的逻辑，任何疾病都可以在基因层面找到对应的关系，大家一直在寻找这种因果关系，就诞生了很多种类的科学。王皓毅的讲座中提到的模式生物，从最低等的细菌、病毒，到酵母再到高等的小鼠，都是用天然的方式建立一些遗传的因果关系。如果研究人类，这个因果关系会变得非常难找，因为你无法对人类的基因动手动脚，你怎么改变人的生命底层密码呢？它是来自于父母的，某些人会说这是上帝的安排。正因为如此困难又如此重要，所以基因编辑技术出来以后，我们可以在底层改变密码，这样就以最高的效率、前所未有的效率获得我们想要的信息。现代社会，人类在众多的科学或者工程领域发明了很多重要的里程碑式的技术，基因编辑在生命科学领域当之无愧是有史以来最重要的技术之一，它是一个革命性、颠覆性的技术。

有一个非常相像的可类比的技术类型就是重组 DNA 技术， 是四十多年前发明出来的，可以把一个外源基因用一个载体改造到另外一个物种里去，当时这引起了巨大恐慌。这个技术是我在斯坦福大学的导师 Stanley Cohen 和 Herbert Boyer 合作发明出来的，当时引起了全球范围的大讨论和争论。一个新的技术出来以后，它的革命性给我们带来了非常多的机会，也让公众产生了非常多的恐慌。一把刀越锋利越容易切开一块肉，但同时也更容易误伤到我们的手，造成我们不想看到的后果。基因组编辑技术带有同样的属性。

现在非常火的一个词：精准医疗，其实它的意义是指精准诊断。因为现在的测序技术，我们叫深度测序或者 NGS，非常 powerful（有力）。它的通量上升如此之猛烈，整个成本降低如此之快速。我们现在完全可以从底层来看你的基因型、对药品的适应症。精准医疗是精确看到你的信息以后能够量体裁衣地提出一些对诊断有参考的意见。今天说的基因组编辑技术就属于精准医疗技术。如果说我们看测序（结果）是读的过程，那么基因编辑就是写，写比读要难得多，也重要得多，风险也同样非常大。

今天请上我们的三位嘉宾，除了皓毅以外，还有中国科学院动物研究所的李伟研究员，中国科学院生物物理研究所的王晓群研究员。

基因编辑像很多新的技术一样，我完全没有想到它从象牙塔里边走出来得这么快。大家讲讲，它到底有什么用？不仅是从专业研究的角度，也包括实际生活中的应用。先从李伟开始，你觉得这个技术对普罗大众来说它的意义在哪里？

李　伟：从现实意义来讲，刚才皓毅也讲了，对公众来说最感兴趣的应该就是对健康的影响。我们的团队现在在做针对罕见病的治疗的研究。人类大概七千多种遗传病都是基因突变导致的，如果把这些基因修复回去，就有可能治愈这些疾病。长远一点，理论上很多基因编码性状都可以随着基因改变而改变，所以我觉得未来十年或者二十年之后，能够对很多大家感兴趣的性状，比如你的肤色、智商或者寿命等进行改变，我个人觉得这可能是大家比较关注的方面。

王晓群：开始之前，我先简单介绍一下我们团队做的工作，我来自于中国科学院生物物理研究所的脑与认知科学国家重点实验室，我们感兴趣的问题是人的大脑为什么通过长期演化有这么高级的认知功能。我们可以通过很多高级设备直接研究人脑的各种高级认知，比如做一个迷宫或者猜字谜时候的脑的自身动态变化；同时还可以利用基因编辑技术，在模式动物角度来讲，通过增加或者衰减特殊基因的表达，从而可以知道我们的高级认知功能到底是怎么一步一步从不同的模式动物当中演化过来的，这也是非常重要的一个工具。

王皓毅：我觉得最有用的还是疾病治疗，不单纯是罕见病。我们还可以用它制备一些疾病模型，可以制备更好的疾病模型进行药物筛选，也可以用于上游的靶点的发现，这都是跟疾病直接相关的；也可以用它建立更好的治疗细胞或者建立更好的动物平台产生更好的抗体，其实现在已经有一系列的基因编辑技术应用到了现有健康产业中。

魏文胜：公众对这项技术应该有什么样的期待？有两个角度：时

间上如何期待？与大众切身的生活如何产生联系？

王皓毅： 这跟所有的科学问题一样要就事论事，一定要具体到某一个应用来谈这个问题。有一些应用，比如靶点的发现对于药物研发有巨大的帮助，这个药物要做出来，可能要花费几年甚至十年时间，但是这个事情已经在做了，是在进行中的。对于更科幻一点的东西，比如说怎么编辑基因能让人更聪明，这类的应用就很难预估了，这与人们对基因技术的认知程度和基因技术研究进展都有一定的关系。

王晓群： 不久的将来可能会有很多可以得到应用的地方。这里举个例子，我们团队在这个工作上已经取得了阶段性成果，我们知道自闭症有部分是基因不表达、基因缺失、基因点突变等造成的。这个突变是全身性的，但是只表现出在认知功能上有缺陷，某种社交行为有异常。我们首先找到哪些脑区的哪些细胞和这种社交行为有关系，找到这些细胞以后，可以非常方便地靶向这些细胞，把细胞里这些突变基因纠正过来，在模式动物中就可以看到它的社交行为恢复正常或者接近正常。虽然全身基因都突变了，从头到脚都突变，我们也不可能对全身基因做校正，但可以做到对少数特定的靶向细胞的基因校正，继而对这种疾病进行治疗，这类研究也已经开始了。

李　伟： 我从上学开始到博士毕业一直待在校园里，博士毕业就去研究所工作，之前对疾病给患者带来的痛苦没有切身的感受。后来随着基因编辑技术的发展，我开始做一些罕见病的治疗研究。两个月前我在医院见到一个戊二酸血症患者，是一个孩子，只有两岁，当时已经处于生命垂危的状态，我们正在开展对这个患者的治疗。昨天有一位大夫给我打电话，有另一个患者，也是一个很小的孩子，病情十分严重。孩子的父母拥有一家上市公司，他们愿意承担所有研发费用，希望技术尽快能有突破，可以缓解孩子的病情。对患者来说，他们很希望这个技术能够在很短时间内，或许两年或许五年就有一个大的进展，他们的病痛能有控制和治愈的希望。

魏文胜：我也是这个领域的科研工作者，我希望公众对这个技术既能保持兴趣，又能保持耐心，因为任何一个技术再革命、再颠覆，也是一个发展的过程。大家谈得最多的是治疗，但治疗的尝试其实才刚刚开始，大部分应用现在还处于研究阶段。在科研的方方面面，比如我们做的高通量筛选，可以帮助我们得到非常有价值的药物靶点，对于一些抗性基因有更深刻的认识，或者找到更多更合适的模式生物等，这些都能极大地帮助我们的科研进展，都是技术落地非常重要的方面。当然也包括治疗，但在实验室里治疗的成功，到形成临床的成熟疗法或者是细胞产品，这是一个过程，大家要保持足够的耐心。很多颠覆性新技术产生之后，大家会因开始的成功而过分欢欣鼓舞，其实这样的新技术在一开始大部分是处于毛糙的状态。例如，2015 年底黄军就尝试在细胞胚胎里编辑，当时最大的争论是伦理，如果从科研角度来讲，他本人就说过这个技术本身还有很多不成熟的方面，它的脱靶效应、精确性、效率等各方面还没有达到我们的要求，这把刀还不够快，还会刺伤你不想让它伤到的地方，所以公众还是要保持审慎的态度。我觉得有些新技术过热可能不是一件好事，对于我们科研工作者来讲，也不能什么热就奔什么去，应该做有益的尝试，但是一窝蜂都去做，可能会有问题。

王皓毅：我想说一下责任。当你看到患者的时候，你确实觉得自己有一种责任，因为医生有时真的是束手无策的。也有一些患者家属给我打过电话，我只能回复现在真的没有办法，即使理论上可行，但真的用到临床还有很多的问题，甚至还有监管的问题。但是这个事情一定要做，还得有足够多的人来做，还要有好的科学家来做。这个技术现在很火，但如果听到某个医院说，可以用基因编辑治你什么病，交 5 万块钱给你打一针，我想说千万别试，现在远远没有到这个程度。即使听到貌似靠谱的新技术，也要咨询一下你能找得到的专业的研究人员，因为社会上充斥着太多不靠谱的所谓新的疗法和宣传。我们做的有益的尝试，比如利用动物模型、细胞模型为靶向解决临床实际问题的工作，应该大力推进，但是真正迈向临床需要社会伦理的认同、有效性和安全性的评估以及必要的监管。

魏文胜：任何一个技术都很难独立存在，都有很多技术的依托，而且跟其他技术都有非常好的结合。我们可不可以从这个角度来谈一些技术美好的一面，基因组编辑技术可以干什么？它是如何跟其他技术融合的？比如，晓群可以谈谈脑科学，皓毅和李伟说一下动物模型。大家可以考虑一下。我先来说说它和高通量技术的融合。

我们做基因组编辑，一个最大的初衷是我们可以把一个基因敲除。敲除的原因是根据这个可以建立因果关系。在实验室做的一个工作就是把成千上万个基因逐步敲除，这样的话，就可以做一个筛选，对任何感兴趣的问题、疾病迅速找到它的因果关系，还进一步拓展可以做非编码的技术。所以我一直在强调，不要说基因编辑、基因组编辑，因为在基因组上面我们做各种各样的编辑、改写，改变的有些是基因，有些不是基因。我们最近和美国实验室合作，发现在染色体上有一些结点，这些结点不编码任何已知的基因，但是它跟很多地方有千丝万缕的联系，我们发现这些结点在一些癌细胞上的数量会变得非常多，而且我们证明了这个结点与癌细胞的存活是密切相关的，所以它可能会代表新的一类治疗靶点。很多肿瘤药物很容易产生抗性，我们通过高通量技术可以迅速找到它的抗性原因，这些都是有意义的一面。

王皓毅：在进化过程中，人类为什么是人类？人类是不是比别的动物进化得更好一点？我们做很多小鼠模型，可以把鼠的基因换成人类的，因为很像。多大尺度上我们可以换？2 万多个基因，换到什么程度，它就变成了一个人？这就是一个伦理问题，也是一个哲学问题。

王晓群：对于脑科学，大家都好奇的是，为什么人类比其他动物聪明？从演化角度来讲，从演化阶梯上选取不同的动物与人类做比较，发现人脑里有几十个基因是非常特殊的，甚至是灵长类都没有的。我们想弄清楚这些基因是否对高级认知功能有作用，就把这些基因装到小鼠身上。小鼠的脑结构是非常平滑的，人脑是有沟回的，有褶皱，表明我们有很多脑细胞。我们把这些基因装到小鼠身上的时候，看到小鼠的前额叶（认知功能最重要的脑区）出现了褶皱和沟回现象，说明有些基因可以在促使脑的发育过程中增加更多有用的神经细胞，继而为我们拥有更好的、更高级的认知功能提供了细胞基础。

魏文胜：这个小鼠学习能力更强吗？

王晓群：我们也做了行为学的实验，比如工作记忆，跟前额叶有关的，可以看到带了人类基因的小鼠确实在工作记忆上比普通小鼠更好一些。我们现在找单基因，还想找多个基因，像鸡尾酒一样不同组合，看看是不是会产生更聪明的小鼠。这都是很有意思的工作。

李　伟：我们团队做的工作主要是为人类健康服务。现在很多人通过大数据分析一些致病基因，可能会找我们在动物身上先验证一下这个基因是否会导致相应的疾病。我们会做一些动物模型，跟一些医生合作研究发病机制，给制药公司做药物的筛选，我觉得都是非常好的应用。

魏文胜：这个技术诞生以后，全世界的生命科学研究者都扑上去了，因为它是现在最热门的研究方向之一。大家评论一下中国相关的科学工作者做得怎么样？跟世界上相比，我们的长处在什么地方？我们的不足在什么地方？我们应该如何努力？

李　伟：我觉得我们还是有很大差距的，最关键的差距就是在核心技术研发上，这是客观存在的。在最核心的技术领域，我们的研发能力比较弱，这可能是我们最大的差距，也是我们迫切需要追赶的。

王晓群：我比较同意李伟教授的观点，现在大家都做得很好，与国际上前沿没有什么差距，但我们缺乏的是最初的创新和敏锐的洞察力。这个技术很早就存在了，只是大家没有敏感地意识到这个技术背后有这么大应用的潜力。我们要反省，在原初创新上能否静下心来抓住一个东西做透，用工匠精神做扎实，这是我们比较缺乏的东西。

魏文胜：你有工匠的时间吗？

王晓群：只要我们能够守住初心，还是应该有的。

王皓毅：完全同意，我们这个社会相对来说更急一点。另外，所谓追赶也好，弯道超车也好，人家是几百年的积累，整个社会的科学积淀和科学精神跟我们都不一样。通过引进一些人才回来，在几年内完成赶超，这是非常不现实的。科学的土壤在那儿，土壤包含的内容非常广博，一定会生长出各种各样的东西。我们需要的是时间和耐心，是持续地对科学的认可和支持，你的“土壤”做得越来越厚，有些东西自然就会应运而生的。而不是现在一个东西热门，但是我们没发现，就归结为我们运气不好。CRISPR 系统之前是一个比较偏门的微生物领域的基础科学问题，乏人问津，但就有一群科学家默默无闻在那里坚持了几十年，在最终理解了基本工作原理之后，人们才可以应用它开发基因编辑工具。我们一定要给基础科学足够的尊重和耐心，整个社会评价体系要适当鼓励冒险，对于一些偏门的技术也要给予一定的支持，鼓励有梦想、有理想的人。大家不要都去做精致的实用主义者。

魏文胜：除了科研以外，大家也评论一下我们在产业领域有没有机会或者我们的科技转化的未来方向在哪里？科研工作者应不应该进入产业转化的领域？现在大的环境是创业或创新，恰好我们这个技术又是这么接地气，大家能不能评论这个方面。

李　伟：我对产业确实不懂。从我个人角度来讲，尤其在跟这些医疗机构和产业人员接触之后，我了解到他们确实有更大的推动能力，我们做得非常上游，他们能把下面做得非常漂亮。从个人生活经历来说，我天天在实验室里，如果有一点不一样的体验我当然愿意参与。目前我们的产业发展还有很多问题，比如，刚才说的我们缺乏一些核心技术，不过这些都可以慢慢做，总体上我还是很乐观的，这里还是充满了机遇和机会的。

王晓群：对于技术发展，我赞同各位的说法，要通过各种途径去推广和呼吁，使其得到更快的发展，大家应该从现在开始一块去推，把整个系统或者外部环境做得更好，“未来论坛”就是一个很好的途径。但是对于产业，我有不同看法。在国外产业发展相对成熟，从20世纪30年代开始到现在，像“风投”之类的各种外部环境都非常成熟，它推动的都是“未来”的或者“不确定”，国内相对现实一些，推动的必须是“实实在在”的。“风投”的力量其实是非常大的，我们科学家可以提供技术，但是要转化成产业你可能会无能为力。在国外的时候，我所在的实验室也有很多“风投”过来洽谈，他们投入的阶段比较早，不会急于要成果，而国内的“风投”只有当东西马上要出来时才会投你，把成功率看得太重，其实不确定的未来里面才有更大的机会和利润。把产业转化交给更专业的人去做，可能效果更好。

王皓毅：关于这个话题我有比较强烈的想法。我觉得这个事情要看科研人员的研究内容、方向、领域，除了要给科学家足够的耐心和环境来做基础研究之外，对有转化前景且市场也迫切需要的技术，我认为应该勇敢地鼓励科学家去参与科技成果转化的过程，但这也不代表要科学家都出去开公司，而是以其他角色比如 CTO 或者科学顾问等，融合资本力量去组织专业团队来运作。我的理想是，如果这种操作能够成功，就能形成一个很好的造血机制，把源于实验室的科研成果转化成巨大的财富，又反哺到后续的科研研究中，继而形成一个非常好的社会示范效应，告诉大家做科学不仅很酷、很好玩，而且很赚钱。

魏文胜：我个人的看法是，我希望大家不要对产业化 label（贴标签），比如做科研的人经常被贴一个标签——你到底是做科学的还是做技术的，不应该做这个区分，从某种意义上来讲，能做好任何一个都是非常重要和高尚的。产业化也是一样，如果你的成果有产业化前景，你有意愿、有兴趣、有能力，那就产业化；如果你要亲自参与产业化的实践，且影响到你的科研的话，我觉得你要审慎，要平衡你的生活。做产业和做科研完全不一样，它的体量更大，社会资本的投入能够使一个新技术真的落地，能够形成一个治疗方案或非常有用的产品，这都是造福人类的，是否赚钱我觉得是副产品，如果有，当然好，也是成功的附加值。

下面接受观众的提问。

李彦宏：我有三个问题：第一，我理解的是，现在的基因编辑技术已经可以对基因进行任意编辑，不少罕见病就是单基因致病，比如自闭症和唐氏综合征。那是否意味着这些单基因致病的疾病都可以通过基因编辑来治愈？如果不是的话，有什么具体的困难或者不确定性？

第二，大多数常见病和影响更多人的病，都不是单基因导致的，是不是很多病是多基因导致的？目前我们对这方面的知识已经积累了多少，有什么病是某些基因的 combination（组合）导致的？如果知道还不够多的话，有什么方式能够让我们发现更多的规律？目前关于什么基因导致什么疾病，人类已经积累了多少这方面的知识？

第三，美国也有一些商业化公司就是通过基因编辑治愈失明等疾病的，这方面的商业化在目前的中国，你们觉得有没有机会，或者说面临什么样的挑战？

魏文胜：三个非常好的问题。第一，单基因疾病的每个疾病都不一样，对每个疾病的治疗也不一样。首先，不是所有单基因疾病都能用基因组编辑技术去治疗，因为疾病类型是不一样的，有些全身性疾病，不可能对每个细胞都“动手动脚”。如果是某个基因或某个功能突变了，对某个器官产生损伤，或者器官本来该干什么事情不干了，这时候就可以对基因进行局部校正，这是目前能够治疗的单基因疾病。不同的疾病被治疗的情况是千差万别的，所以有 6000 多种单基因疾病，但大家谈得最多的是什么呢？就是地中海贫血、镰状细胞贫血等。它的逻辑是通的，但是真正能把它治愈还需要几年时间，因为要做各种安全性评估等；之前连逻辑都不通，没办法（比如白血病只能等骨髓移植），现在有办法，但是有办法到落地是一个过程。

李彦宏：这些基因编辑是不是会导致其他无法预知的结果？

魏文胜：这是非常可能的，基因治疗还存在效率不高和脱靶效应等问题，现在的技术还无法确保你在更改某个基因的时候没有改了别的。另外，所谓的“缺陷基因”还有一些“隐形”的优点，镰状细胞贫血可导致患者寿命缩短，但镰状红细胞的存在能抑制疟原虫的繁殖，在疟疾肆虐地区，这种基因突变非常常见，这就是为什么缺陷基因能有这么高的比例被保存下来。在多基因层面，就有两个问题：一个是技术问题，你需要对多个基因同时做编辑，这在实验室细胞水平上还是有可能做到的，可一旦用于临床、具体案例的话，就变得无比复杂；另一个就是受限于目前的知识水平，很多多基因导致疾病都存在着复杂的关联信息，所有的基因治疗有一个铁律：它的机制先要搞得非常清楚，必须有蓝本才能改，明确你改的是什么，要改成什么样子，这跟科学技术的进步是连在一起的。

李彦宏：有没有一种疾病我们确切知道就是某几个基因的combination(组合)导致的？

魏文胜：肯定是有的。

王皓毅：癌症就是很好的例子，很多类型的癌症我们非常清楚它的原发突变是什么，很多癌症就是几个特定基因循序渐进的突变导致的。

魏文胜：癌症不属于遗传病，但是癌症是非常好的例子。很多癌症的多基因突变组合是我们知道的，比如说A,B,C三个基因突变导致某种癌症，但如果是A和B再加一个D的基因突变，也能导致这种癌症，很多知识是知道的，但是癌症又不是这个治法。

王皓毅：对，癌症不是说修复某一个或者某几个基因的突变就治愈了。要怎么提高我们的知识认知？就是需要加大投入，而且是更聪明的投入，不是乱投入。谷歌刚刚宣布要开启一个非常庞大的健康计划，招募 1 万个健康人，为期四年去详细跟踪他们所有身体指标的采样以及遗传信息甚至表观遗传信息，这就是帮助我们了解复杂基因型是怎么导致疾病的。我觉得有资本、有资源的人真的应该想一想我们要拿资本和资源来做什么？因为最终我们都难逃一死，越早做越好。什么东西能够保持健康，延缓衰老，这是我们所有人都应该去关注的事，帮助自己，帮助家人，帮助子孙后代。

魏文胜：基因组编辑的发展与生物医学大数据的发展密切相关，现在大部分的诊断受制于无法获取足够的大数据去进行分析。很多遗传病，我们掌握的知识是不足的，从基因组编辑角度来讲会产生大数据，比如我们现在从功能基因组学角度产生大数据，大数据产生以后，对很多基因到底干什么就越来越清楚，就会给治疗提供一个基础。

李彦宏：癌症为什么不可以通过基因编辑来治呢？如果已经知道是哪几个基因突变导致的。

魏文胜：“癌症不能够通过基因编辑来治”，这句话不能简单这么说，可以说通常不能这么治。为什么呢？因为癌症通常有非常高的异质性，同样的癌有各种各样的突变，而且癌细胞是转移的，在不同组织突变类型各有不同。

观　众：李伟老师提到插入一个基因。我们知道玉米转基因，虽然那时候没有 CRISPR Cas9，插入的时候插入到什么地方有讲究吗？是不是有几个选择，插这儿效果好一点，插那儿效果差一点，还是说只能插到这儿？

李　伟：对于基因组插入问题，王皓毅老师讲得非常清楚了，肯定要有一个比较安全的位点。因为基因组编码基因或者编码蛋白部分只占了非常少的比例，剩下的有些位点如果被破坏掉的话，理论上不会产生太大危害。每个位点的效果不一样，基因组包含各种各样的编码和调控信息，我们要做基因插入的话，肯定要找一些非常安全的位点。

魏文胜： 对任何问题我都不会预先设限，抱着开放的态度，可能有很多生物学基本原理，有待于去研究和证实。

基因组技术是一个让人着迷的技术，有非常多的不确定性，也正是这些不确定性，才使它更有魅力，也需要很多后来者投入到这个大的方向上来，共同做出一些有意义的事情。

魏文胜、李伟、王皓毅、王晓群
理解未来第26期
2017年4月22日

后　记

2015 年 1 月 20 日，未来论坛创立。

此时的中国，已实现数十年经济高速发展，资本与产业的力量充分彰显，作为人类社会发展最重要驱动力的科学则退居一隅，为多数人所淡忘。

每个时代都有一些人，目光长远，为未来寻找答案。中国亟须“推崇科学精神，倡导科学方法，变革科学教育，推动产学研融合”，几十位科学家、教育家、企业家为这个共识走在一处。“先行其言而后从之”，在筹建未来论坛科学公益平台的过程中，这些做过大事的人先从一件小事做起，打开了科学认知的入口，这就是“理解未来”科普公益讲座。

最初的“理解未来”讲座，规模不过百余人，场地很多时候靠的是“免费支持”，主讲人更是“公益奉献”。即便如此，一位位享誉世界的科学家仍是欣然登上讲台，向热爱科学的人们无私分享着他们珍贵的科学洞见与发现。

我们感激“理解未来”讲台上每一位“布道者”的奉献，每月举办一期，至今已有四十二期，主题覆盖物理、数学、生命科学、人工智能等多个学科领域，场场带给听众们精彩纷呈的高水准科普讲座。三年来，线上线下累积了数千万粉丝，从懵懂的孩童到青少年学生，从科学工作者到科技爱好者，现在每期“理解未来”讲座，现场听众 400 多人，线上参与者均在 40 万人以上。2017 年 10 月举行的 2017

未来科学大奖颁奖典礼暨未来论坛年会，迎来了逾 2500 名观众，其中近半是“理解未来”的忠实粉丝，每每看到如此多的中国人对科学饱含热情，就看到了中国的未来和希望。如果说未来论坛的创立初心是千里的遥程，“理解未来”讲座便是坚实的跬步。

今天，未来论坛将“理解未来”三年共三十六期的讲座内容结集出版，即如积小流而成的“智识”江海。无论捧起这套丛书的读者是否听过“理解未来”讲座，我们都愿您获得新的启迪与认识，感受到科学的理性之光。

最后，我要感谢政府、各界媒体以及一路支持未来论坛科学公益事业的企业、机构和社会各界人士，感谢未来科学大奖科学委员会委员、未来科学大奖捐赠人，未来论坛理事、机构理事、青年理事、青创联盟成员，以及所有参与到未来论坛活动中的科学家、企业家和我们的忠实粉丝们。

未来论坛发起人兼秘书长

武　红

2018 年 7 月